江苏海洋发展蓝皮书
（2018）

Jiangsu Blue Book on Ocean Development
(2018)

宁晓明　陈先宏　张宏远　著

海洋出版社

2019年·北京

图书在版编目（CIP）数据

江苏海洋发展蓝皮书. 2018 / 宁晓明, 陈先宏, 张宏远著. —北京：海洋出版社, 2019.12
ISBN 978-7-5210-0519-6

Ⅰ. ①江… Ⅱ. ①宁… ②陈… ③张… Ⅲ. ①海洋战略－研究报告－江苏－2018 Ⅳ. ①P74

中国版本图书馆CIP数据核字(2019)第273715号

责任编辑：苏　勤
责任印制：赵麟苏

海洋出版社 出版发行
http://www.oceanpress.com.cn
北京市海淀区大慧寺路 8 号　　邮编：100081
北京朝阳印刷厂有限责任公司印刷　　新华书店北京发行所经销
2019年12月第1版　　2019年12月第1次印刷
开本：889mm×1194mm　　1／16　　印张：15.5
字数：256千字　　定价：268.00元

发行部：62132549　　邮购部：68038093　　总编室：62114335
海洋版图书印、装错误可随时退换

前　言

　　海洋悠久的历史进程见证了人类的兴衰变迁，随着社会经济的不断发展，特别是进入21世纪，美国、加拿大、澳大利亚、韩国等国家相继制定了符合本国国情的海洋开发战略，不断加强对海洋资源和海洋权益的重视，21世纪成为海洋的世纪。我国作为海洋大国，发展海洋事业，对于国家的繁荣富强和长治久安，具有显著的战略意义。党的十九大报告作为新时代坚持和发展中国特色社会主义的政治宣言和行动纲领，强调加快建设海洋强国，这不仅为海洋事业改革发展指明了方向，更明确了海洋发展的重要性。2017年全国海洋生产总值77 611亿元，比上年增长6.9%；海洋生产总值占国内生产总值的9.4%；涉海就业人员约为3 657万人；海洋渔业等主要产业增加值31 735亿元，比上年增长8.5%；海洋科研教育管理服务业增加值16 499亿元，比上年增长11.1%。海洋发展对国民经济和社会发展的贡献率越来越明显，大力发展海洋事业已成为国家领先发展，构建开放型经济的有力支撑。

　　江苏是海洋大省，海岸线长954 km，海域面积3.75×10^4 km^2，不仅海洋资源丰富，同时海洋事业发展前景广阔。江苏高度重视海洋经济发展，2017年江苏省海洋生产总值达7 100亿元，同比增长7.6%，高于全省国内生产总值（GDP）增速0.4个百分点；三次产业比重分别为4.3∶47.2∶48.5，海洋经济产业结构不断优化，海洋工程装备、船舶制造等海洋优势产业发展水平位居全国前列，海洋科技实力不断提升。在沿海三市中，南通市实现海洋生产总值约2 000亿元，居全国地级市前列，占全市GDP总量的26.9%；连云港市已发展涉海企业1万余家；盐城市海洋经济生产总值年均增长18%，规模超千亿元，占GDP比重达22%，海洋产业成为发展新引擎。同时，江苏省海洋管理与执法建设取得显著成效，投入近3.7亿元建成南通、连云港两个维权执法基地，不断彰显江苏海洋总体稳步发展态势。当前是建设美好江苏的关键时期，也是海洋事业在新的历史起点上实现新跨越的攻坚阶段，我们要紧紧抓住"一带一路"、长江经济带、长三角一体化建设，加快实施海洋强省战略，全面推进供给侧结构性改革和海洋科技创新，着重海洋生态环境保护，持续改善海洋生态环境。《江苏省"十三五"海洋经济发展规划》提出"到2020年江苏将初步建成海洋经济强省"，"1+3"重点功能区战略的提出更是不断彰显沿海经济带建设的特色优势和发展机遇。

本书以江苏省海洋发展为重点，划分为海洋发展战略、海洋产业升级和海洋管理创新三篇。其中，海洋发展战略部分侧重于江苏省海洋发展的战略分析，特别是从高质发展、融入"一带一路"、供给侧结构性改革等角度深入剖析，强调发展海洋经济应以海洋资源和空间开发利用为依托，追求可持续发展。海洋产业是海洋发展的重要构成要素，海洋产业升级部分重点分析江苏省海洋战略性新兴产业发展现实的短板，强调海洋产业集聚集群发展，同时分析江苏省海洋文化等产业提升发展思路。海洋管理是海洋发展的重要保障，海洋管理创新部分从海域使用权法制化管理制度、海洋体制机制创新、海域安全与应急管理机制、海洋产业科技支撑等多角度提出系统化管理方案，以提升海洋管理水平，促进海洋经济高质量发展。

本书是集体智慧的结晶，宁晓明、陈先宏、张宏远、吴价宝、胡国良、郝宏桂、孟力强、孙巨传、商思争、徐永其、翟仁祥、陈国华、赵鸣、朱国军、赵科学、何俊武、易爱军、付永虎等同志承担了蓝皮书中部分内容的研究和撰写工作。同时，本书在编撰过程中得到了很多政府部门管理者和高校院所专家学者的支持，也得到了海洋出版社的帮助，在此向帮助本书编写的各位老师以及为本书的出版给予多方支持的所有人员表示衷心感谢。由于作者水平有限，书中难免存在不足，还请各位专家、学者批评指正，深表谢意。

本书是江苏省社会科学基金项目（19EYB015）；江苏省政策引导类计划（软科学研究）资助项目（BR2020019）；江苏高校哲学社会科学研究项目（2019SJA1562）的研究成果之一。

宁晓明

2019年10月

目　录

第一篇
海洋发展战略

江苏省经略海洋经济发展战略研究

中国海洋战略的意义体现在国内和国际两个层面。从国内方面看，中国海洋战略有利于全面提升全民族海洋意识，贯彻科学发展观，科学合理地开发、利用和保护海洋，实现海洋可持续发展，使海洋事业的发展服务于经济与社会的协调发展和全面进步，服务于和谐社会的构建。从国际方面看，中国海洋战略有利于捍卫和维护国家主权完整和领土统一，解决与周边国家及地区的海洋争端问题，维护和捍卫中国海洋权益，创造服务于中国和平发展的国际环境，全面参与国际海洋制度和海洋秩序的建设。江苏作为海洋经济强省，应积极加强经略海洋建设，促进海洋经济发展，在实现江苏海洋经济的高速、高质量发展的同时为提升中国海洋战略的国际影响力贡献力量。

一、江苏省海洋概况

如J. R. 希尔（J. R. Hill）所说，海洋是国家繁荣、与外界通商贸易、扩大势力和发挥影响的一条途径。随着"一带一路"建设、长江经济带、江苏省沿海开发等国家战略的深度推进，江苏省海洋经济发展面临重大契机，如何在产业转型、结构升级的浪潮中谋好篇、开好局、起好步值得我们思考。就目前来说，经略海洋，是一项复杂的综合性系统工程。在江苏，海洋产业已成为推动江苏高质量发展的一个新引擎。江苏省海洋资源丰富，海洋管理体系日益健全，海洋事业发展前景广阔，发展江苏省海洋经济相对于其他省份来说有一定的优势。调查显示，江苏省海洋的优势体现在以下几方面。

（一）沿海空间资源广阔

江苏省沿海空间资源广阔。在独特的海洋动力条件影响下，中南部近岸浅海区分布有全国最大的海底沙脊群——黄海辐射沙脊群。沙脊群南北长约200 km，东西宽约90 km，面积约1 268.38 km²，为世界罕见。沿海堤外滩涂资源丰富，为全国最大的沿海滩涂湿地，面积达5 001.7 km²，约占全国滩涂总面积的1/4。其中潮上带滩涂面积307.4 km²，潮间带滩涂面积4 694.2 km²，另含辐射沙脊的区域理论最低潮面以上面积2 017.5 km²。现每年仍以20～33 km²的速度向外淤涨，成为江苏省沿海开发重要的后备土地资源。

（二）丰富的海洋生物资源

江苏省沿海地区处于温带和亚热带过渡地带，长江、淮河、灌河、废黄河、黄沙港、新洋港、斗龙港等20多条大中型河流由此入海。黄河水域水温适宜，盐度适中，营养物质丰富，有利于海洋生物的繁衍生长。近岸海域海洋动植物种类繁多，数量丰富。有浮游动物136种，浮游植物197种。拥有海州湾渔场、黄沙港渔场、吕四渔场、长江口渔场和大沙渔场等，沿海海域有鱼类150种、贝类87种、海藻84种等5种优势种群。丰富的生物资源，为发展海水捕捞与养殖业提供了良好的条件，开发利用的前景十分广阔。

（三）良好的海运港航资源

江苏省沿海港航资源优势显著，条件较好的海港港址有14处，其中，北部的连云港是江苏唯一的岩岸分布区，可建设10万～15万吨级泊位；灌河是江苏唯一未建河闸的大河，河阔水深，区域可形成以熊尾港、陈家港、堆沟港等为主的港口群；滨海县废黄河口地带是江苏中部少见的侵蚀岸段，深水航道贴近海岸，具有建设深水港的条件；盐城市大丰港濒临西洋深槽，可建设10万吨级以上泊位的码头；南通市辐射沙湖内缘海岸，形成了航运条件较好的槽沟系统，可以建设长江口北翼的港口群。国家正式实施长江南京以下12.5 m深水航道建设，设计标准为5万吨级集装箱船双向、10万吨级乘潮通航，将为江海联动提供十分优越的航道条件和建港条件。

（四）优越的新能源矿产资源

江苏省沿海地势平坦，风力强劲，风功率密度较大，有效风能资源丰富，年均风速在2.95～5.7 m/s之间，年均有效风能密度高于60 W/S^2，年有效风速时数超过400 h，是建设沿海与海上大型风电场的理想地区。据测算，江苏省沿海可开发风电资源超过2 500×10^4 kW，风能资源在我国沿海地区名列前茅，开发潜力巨大。沿海海洋能资源也极为丰富。南部海域是沿海潮差能富集地区，最大潮差可达5～10 m。其中，外部海域达5～6 m，南通小洋口近海达6.68 m，长沙港北达839 m。最大潮差出现在小洋口外，达9.28 m以上。江苏省沿海潮流十分活跃，沿海波能开发利用价值潜力巨大，总量达到70×10^4 kW。

二、江苏省经略海洋经济发展基础性分析

"经略"一词，解释为经营治理，因而，经略海洋指的便是治理海洋，即对海洋的开发和利用。经略海洋，是一项复杂的综合性系统工程。江苏实现海洋经济转型升级，实现由大到强的目标任重道远。在取得海洋经济发展的可喜进步的同时，更要看到全省海洋经济的现实差距，紧抓全省海洋经济的发展机遇。一方面，与海洋经济发达省市相比，江苏海洋经济还有一定差距，存在海洋经济总量发展滞后、新兴产业竞争优势不突出、港口建设重复且功能重叠、海洋科技支撑能力较弱和海洋生态环境弱化等问题。另一方面，要紧抓海洋经济发展的重大战略机遇——特别是"一带一路"建设以及长江经济带建设、"长三角"一体化、江苏省沿海开发等多重国家战略实施机遇，在江苏全省特别是沿海、沿江两大海洋经济核心区产生政策叠加效应，为江苏在更高层次、更大范围集聚推动海洋经济发展创造有利条件。

在江苏，海洋产业已成为推动江苏高质量发展的一个新引擎。江苏省海洋资源丰富，具有发展海洋经济的良好物质条件。面对海洋经济发展结构性矛盾，江苏省坚持"陆海统筹、江海联动、集约开发、生态优先"的原则，从推动传统海洋产业

升级、打造战略性新兴产业、强化海洋资源环境保护等方面着手，深入推进供给侧结构性改革，海洋经济创新转型不断深化，发展海洋经济短板不断被拉长，潜在优势不断转化为现实发展优势，海洋强省建设取得积极成效。

三、构建江苏经略海洋强省系统性框架

在加快海洋强国建设的指导下国家受益良多，为国家经济转型升级和高质量发展奠定了坚实的基础。基于此，江苏要想成为真正的经略海洋强省，必须进行一系列关于海洋发展的系统性研究。

（一）通过"江海联动＋陆海统筹"深化经略海洋建设，促进经济可持续发展

统筹陆海与江海资源配置、经济布局、环境整治和灾害防治、开发强度与利用时序，统筹江苏省沿海近岸开发与远海空间拓展，全面提高综合开发水平。海洋经济是海陆一体化经济，对于江苏，实现陆海经济联动是海洋经济强省发展的必然规律。着眼于建设海洋强省，坚持海陆资源开发联动，加快推进陆域资源开发技术向海域延伸，提升资源开发的关联度、延伸性和带动力，增强海陆之间资源的互补性，实现海陆资源的优化整合和资源优势向经济优势的转化。统筹海陆产业发展，坚持海陆产业联动，以陆域经济和技术为依托，以陆域空间为腹地和市场，充分利用临海的区位优势、海洋的开放性和海洋产业的经济技术扩散效应，带动海洋相关产业的发展，促进适宜临海发展的产业向沿海聚集，实现海陆双线双向的产业链条衍生，建立海陆复合型产业体系。将海洋经济发展、海洋环境保护纳入国家宏观调控内容，统筹沿海工业布局。沿海地区发展好了，向内陆延伸和向深海延伸就都有了坚实的基础。

（二）完善海洋经济与海洋生态资源配置，实现海洋生态环境可持续发展

要统筹海洋生物资源开发，尊重自然规律，时序利用，实现海洋生态环境可持

续发展；统筹海洋油气资源，在确保安全的前提下加快海洋油气资源开发步伐，加大能源自我保障程度，实现国家能源战略目标，同时保护属于我国的海洋权利；统筹航运港口资源，以沿海各主要航运中心为支撑，实现陆海两域资源高效配置。生态优先，绿色发展。坚持绿色发展，着力平衡海洋经济发展与海洋生态环境保护的关系。统筹考虑海洋生态环境保护与陆源污染防治，大力发展海洋循环经济，加强海洋资源节约集约利用，推进海洋产业节能减排与清洁生产，强化海洋生态环境保护和防灾减灾，不断增强海洋经济可持续发展能力。实行开发与保护并重，科学开发海洋资源，加强海洋生态环境修复，加大海洋环境保护力度，改善沿海地区的人居环境，进一步增强可持续发展能力，实现海洋生态系统和海洋经济发展的良性循环。

（三）调整与优化三次产业结构，加快海洋产业快速优化升级

结构调整，优化发展。调整产业结构，优化空间布局，合理配置生产要素，改造提升海洋传统产业，培育壮大海洋新兴产业，积极发展海洋服务业，加快转变海洋经济发展方式。海洋经济是综合性经济，推进海洋主导产业集群发展是建设海洋经济强省的必然选择。要着力推进海洋产业集中布局、企业集群发展、资源集约利用，培育海洋特色产业基地，充分发挥集聚效应，提升规模优势与品牌优势。优化海洋产业结构，改造提升传统海洋产业，做大做强优势海洋产业，培育发展海洋新兴产业，构建具有较强竞争力的现代海洋产业体系。充分发挥海洋资源优势，全面提升海洋渔业等传统产业，继续推进沿海交通能源等基础设施建设，重点发展临港工业、港口海运业、滨海旅游业和新兴海洋产业，集中力量启动石化、大宗物资储运等一批重大涉海项目。

（四）通过高新科学技术创新发展，引领海洋经济可持续发展

坚持创新发展，完善科技创新体系，着力提升海洋科技自主创新和成果转化能力，发挥科技的支撑引领作用，注重海洋人才培养，改革和创新海洋管理体制，增强海洋经济发展的内生动力和竞争能力，整合海洋科研力量，培养海洋科技人才，

推进海洋科技创新体系建设，加快海洋高新科技发展，加强产、学、研合作，进一步理顺海洋教育、科研的体制机制，整合科技资源，集聚创新要素，加快构建以企业为载体、以资产为纽带、产学研相结合的海洋科技创新体系，为提升海洋传统产业提供技术支撑。海洋产业结构不同对海洋资源的依赖程度和对环境的影响程度也会不同。一般来说，从海洋第一产业到第三产业，对海洋资源依赖程度和对环境的影响程度是逐渐减弱的。我国的海洋产业结构一直以第一产业为主，因此应根据我国海洋资源与环境的特点，调整海洋产业结构，依靠海洋科学技术的进步和海洋人力资源素质的提升，实施科技创新，以高新技术改造海洋传统产业，推动海洋产业经济结构的调整与产业升级，促进新兴产业发展，使海洋产业结构日趋合理。

四、江苏省经略海洋发展问题分析

构建江苏经略海洋强省系统性框架的同时，必须明确江苏实现海洋经济转型升级，实现由大到强的目标任重而道远。既要看到海洋经济发展取得的可喜成绩，更要看到全省海洋经济发展的现实差距以及当前江苏省沿海经济发展中存在的一系列突出问题，具体如下。

（一）江苏省区域统筹、海洋统筹、陆海统筹的管理机制和制度亟待完善

江苏省海洋经济总量远低于其他海洋强省。2012年，江苏省海洋生产总值4 722.9亿元，仅为山东省的52.64%、浙江省的95.46%和广东省的44.95%。江苏省海洋生产总值占全国海洋生产总值的比重仅为9.5%，远远低于山东省、浙江省和广东省海洋生产总值所占全国海洋生产总值的比重。在山东省、浙江省和广东省相继成为全国蓝色海洋经济试点省份后，江苏省还有一段路要走，才能在一定程度上追上这三个省份海洋经济发展的步伐。

（二）江苏省海洋及涉海教育水平亟待大幅提高

江苏省海洋高等教育机构数量与其他省份相比较少，其他省有专门的海洋大

学，如位于广东省的广东海洋大学，位于山东省的中国海洋大学，位于浙江省的浙江海洋学院，位于上海市的上海海洋大学，位于辽宁省的大连海洋大学等，但是江苏省却没有一所独具特色的海洋大学。江苏省共有126所各类大专院校，从事海洋高等教育相关的本科院校大约有18所，18所中只有南京大学、河海大学、淮海工学院、江苏科技大学等6所高校设立专门的海洋科研机构，其他本科院校只有涉及海洋类的专业。其中南京大学、河海大学属于国家重点院校，江苏科技大学只是普通本科院校，除淮海工学院从事与海洋养殖相关学科之外，其他院校都没有独具特色的海洋专业。江苏省高等海洋教育在全国海洋高等教育中影响较小，而江苏省海洋职业教育大多属于专科，培养的只是高职类海洋实用技术型人才。这使得海洋经济从业人员的学历和业务水平等较低，造成了江苏省海洋人才的匮乏，海洋科技力量相对薄弱。

（三）江苏省海洋产业结构亟待优化，海洋科技创新迫在眉睫

江苏省海洋产业正处于以海洋运输、海洋渔业、海洋盐业等传统产业为主的阶段。虽然作为海洋新兴产业的海洋旅游业占比较大，但是其他新兴产业的占比就很少。主要由于缺乏资金、技术和人才，使得现阶段在海洋科学研究、海洋资源开发技术、大陆架油（气）的勘探，特别是远洋捕捞、大洋锰结核等的勘探与试采以及海滨砂矿开采、新技术、新工艺等方面，都还比较薄弱和落后，海洋科技总体水平不高，科技储备严重不足，技术水平落后于世界先进水平。

江苏省海洋三次产业中，第一产业主要由海洋捕捞业和海水养殖业构成；第二产业主要是由海洋电力业、海洋盐业、海洋生物医药业所构成；第三产业主要由海洋旅游业和海洋交通运输业构成。江苏省海洋产业结构中第一、第二、第三产业产值之比由2005年的4：45：50发展为2012年的5：51：43，海洋经济三次产业结构并不是很合理。

（四）江苏省海洋生态环境保护有待进一步加强

党的十九大报告中提出："加快生态文明体制改革，建设美丽中国。人与自然

是生命共同体，人类必须尊重自然、顺应自然、保护自然。人类只有遵循自然规律才能有效防止在开发利用自然上走弯路，人类对大自然的伤害最终会伤及人类自身，这是无法抗拒的规律。"江苏省近岸海域生态环境系统非常脆弱，海洋资源开发利用方式并不科学，海洋环境所承受的压力巨大，海洋产业空间布局不够合理，用于海洋环境治理的科技力量投入严重不足，海洋科技研发及成果转化能力较弱，海洋陆海统筹治理环境发展的体制机制有待完善。最新统计情况显示，江苏省海洋环境质量总体上在不断改善，海洋功能区监测站点达标率处于一直提高的状态，海洋环境灾害发生频率逐年降低，但海洋经济生物资源低龄化、小型化的状况并未得到根本性改变，海洋富营养化程度仍然较高，海洋污染情况仍很严重。所以在海洋开发的过程中必须坚持节约用海，合理控制沿岸建设用海的规模，减少海洋开发对近岸渔业资源和生态系统的冲击，限制高污染、高耗能、高生态风险的工业项目用海，加强对海洋环境的保护，逐步解决海洋环境问题。

五、江苏省经略海洋发展对策建议

江苏省位于我国东部沿海中心地带，海洋资源丰富，具有发展海洋经济极为优越的条件。本研究运用主导产业选择、海洋经济竞争力、陆海统筹、海洋经济可持续发展等理论，对江苏省海洋经济贡献度、海洋经济综合竞争力、海洋主导产业、陆海统筹及海洋经济可持续发展进行了系统评价，梳理江苏省海洋经济发展中存在的问题，提出了促进海洋经济发展有针对性的对策和建议。

（一）建立多元化海洋投入机制，创新海洋经济综合管理体制

首先，坚持投资多元化，坚持多种经济成分、多种经营渠道、多种经营形式齐上，广泛吸纳和动员全社会资金投向海洋开发和海洋经济发展，形成新型海洋开发机制，建立专项资金。积极争取国家、省级资金资助，将海洋开发与保护建设资金列入各级财政预算，设立涉海基础设施建设等重大项目的专项资金，发起设立涉海民营银行、涉海信托、涉海证券等金融机构。其次，健全投入机制。按照"谁投

资，谁决策，谁收益，谁承担风险"的原则，建立平等竞争的市场环境，全面推行股份合作、公开招标、竞价承包等方式，放开搞活经营机制，加快海洋资源的开发利用。最后，创新投融资机制。积极引用信托基金、产业基金、创业基金、资产证券化等新型融资方式，利用资本市场把社会资金集中起来用于海洋产业项目建设。积极引导涉海企业，尤其是高新技术企业进入产权交易市场，用技术和股权换取资金，实现投资主体多元化。密切银企合作，争取更多的信贷资金进入海洋经济领域。

（二）以高素质人才培养为目标，营造鼓励和支持创新的社会环境

要围绕沿海地区主导产业和特色产业发展需要，加强与中国科学院海洋研究所、中国海洋大学、南京大学、河海大学、我国台湾地区高校、国家海洋信息中心等高校和研究机构的交流与合作，积极筹建江苏省海洋大学，为江苏省建设和海洋经济发展培养人才。要建立创新创业领军人才奖励制度，搭建科技人员深入基层创业的平台，支持科技专家、科技合作组织、专业技术协会等多元化科技服务模式的发展，推动建立健全多元化科技服务体系。要实施一批星火科技培训项目，重点培训一批涉海农民科技带头人、涉海农村企业科技人员、涉海农村科技服务人员等涉海农村实用科技人才，引导培训一批新型涉海农民。

（三）大力调整海洋经济结构，促进海洋产业结构升级

重点发展海洋船舶修造与海工装备制造业、海洋交通运输、港口物流、海上风电、海洋生物医药、海洋渔业及滨海旅游业，集约高效利用滩涂资源，科学规划产业发展，建立一批全国领先、国际一流的现代海洋产业基地。促进海洋产业优化升级，在海水养殖方面，大力发展海洋渔业、海洋生物育种、海洋功能食品。积极培育海洋生物制药、海水淡化技术以及海洋国防装备制造业，创建海洋高端产业的集聚基地和海洋高新技术研发基地。大力推广ERP、DCS、变频控制、在线检测、全三维建模、数字样机等信息技术在产品设计、生产流程再造中的应用，引导优势骨干企业向智能制造、服务制造转型，大力发展系统解决方案、远程维护等新

型服务。

（四）优先发展绿色海洋、蓝色经济

协调好开发与保护的关系，处理好近期开发与远期开发问题。根据沿海滩涂资源的自然特性，合理安排建设时序，坚持点式、片式、点—线—片式、纵深式港口开发模式，以确保港口开发与滩涂资源保护的协调。加强自然保护区管护，保证重要生态功能区安全。科学划定主体功能区，增强资源与生态环境保障能力，严禁在核心区内从事开发活动。加快对传统临港产业的调整，严格污染治理，大力发展新兴产业，优选沿海开发的重大建设项目。扩大公众参与管理。采取鼓励政策和激励机制，提高公众参与意识。动员一切社会力量参与环境和资源保护。加强陆海污染综合防治，加强陆海污染源治理，建设重点陆源入海排污在线监测工程；严格管理船舶污水排放，建立港口码头油污水集中处理设施；加强废弃物的海上倾倒管理，强化倾废管理报告制度。

在认清江苏省海洋经济发展现状后，我们找到了解决问题的措施，并以构建现代海洋产业体系为重点，以海洋科技创新为支撑，以海洋产业绿色发展、发展蓝色经济为导向，以涉海基础设施和公共服务为保障，以改革开放为动力，打造创新引领、富有活力的全国海洋先进制造业基地、海洋科技创新及产业化高地、海洋产业开放合作示范区和海洋经济绿色发展先行区，拓展蓝色经济空间，初步建成海洋经济强省，为"强富美高"新江苏建设提供强力支撑。

（五）创新引领走科技兴海之路

1.夯实海洋科技基础，引领海洋科技创新

科学技术是第一生产力。海洋资源的开发利用相对陆地资源而言，难度和风险更大，综合性更强，对科学技术的依赖性也会更大。我们要依靠科学技术对资源进行深层次的开发利用，加强资源的综合利用，实现其物质效能的全面合理利用，大幅度提高资源利用效益和效率。在海洋生物遗传工程技术、海水养殖增殖技术、超声波生态遥测技术、海洋药物研制技术等领域加强科技开发，夯实海洋科技基础，

引领海洋科技创新。

2. 扩大海洋人才储备，提升海洋人才素质

人才是引领科技发展的核心要素，提高科技水平首先必须把握人才这一核心要素。一方面必须面向海外，尤其是向海洋经济、海洋科技发达的国家和地区引进高层次海洋科技人才，扩大江苏涉海人才储备；另一方面，在逐步加大省内海洋人才培养与教育质量的同时，充分利用国内其他高校和科研院所的资源，多渠道、多途径培养适合现代海洋经济发展需要的现代化、复合型、综合实力强的本土海洋资源开发及管理人才队伍。

江苏省海洋经济高质量发展思考
——基于连云港的分析

习近平总书记在参加十三届全国人大一次会议小组审议时指出："海洋是高质量发展战略要地，要加快建设世界一流的海洋港口、完善的现代海洋产业体系、绿色可持续的海洋生态环境，为海洋强国建设作出贡献。"经略好海洋，是一项复杂的综合性系统工程，也是沿海地区的责任使命。作为海滨城市，连云港在推动城市高质量发展的过程中，必须坚持"陆海统筹"，以实现社会利益最大化为海洋经济发展原则；必须坚持"新发展理念"和系统化思维，不断学习和借鉴国内外发展海洋经济最新理论和成果来科学推进连云港市海洋经济发展，用海洋经济发展高质量助推连云港市发展高质量。

一、海洋经济发展再认识

（一）21世纪海洋经济发展观念已经发生新的变化

一般认为现代海洋经济包括为开发海洋资源和依赖海洋空间而进行的生产活动以及直接或间接开发海洋资源及空间的相关产业活动，由这样一些产业活动形成的经济集合均被视为现代海洋经济范畴。2003年5月中国国务院发布的《全国海洋经济发展规划纲要》给出了一个政府认可的相对权威的海洋经济定义，认为"海洋经济是开发利用海洋的各类海洋产业及相关经济活动的总和"。过去，人们发展海洋经济是追求海洋资源和空间开发利用价值的最大化，而现在人们发展海洋经济则是以海洋资源和空间开发利用为依托，追求人类社会发展利益最大化为目标。国家海洋经济发展"十三五"规划明确提出，国家海洋经济发展要坚持"改革创新、提质增效；陆海统筹、协调发展；绿色发展、生态优先；开放拓展、合作共享"的原则。江苏省海洋经济发展"十三五"规划则强调"陆海统筹、江海联动、集约开发、生态优先"，后来江苏又提出"1+3"省域开发布局（江+海+运河）。这些都反映江苏作为海洋大省在自身经济发展过程中观念的变迁。坚持新发展理念，以追求社会整体利益最大化为目标，用系统化思维实现"陆海统筹"已成为当今经略海洋的主流思维。因此，我们现在来谈论海洋经济高质量发展，需在发展的观念、理论、原则、规划、组织实施、考核体系等方面实现新的转变。

（二）服务国家战略已成为我国各地发展海洋经济的指导思想和遵循原则

我国不同时期海洋经济发展的指导思想和原则是不一样的。在计划经济体制时期，全国"一盘棋"，在国家统一规划下，遵循计划原则实施海洋经济发展。改革开放初期，市场成为海洋经济发展的主导力量，加大海洋资源开发力度、最大限度获取海洋资源、做大当地经济总量成为主导各地海洋经济发展的指导思想。进入21世纪，特别是党的十八大以后，"科学发展观""新发展理念""陆海统筹"逐渐成为我国海洋经济发展的指导思想和发展原则。同时，中央强化了国家战略（如"长江经济带""长三角一体化""粤港澳大湾区"开发等）对国家经济发展的引领作用，各地方政府也开始自觉依据国家战略要求来谋划自身发展。可以认为，我国海洋经济发展开始迈入国家战略指导下新的发展时期。

二、海洋经济高质量发展认识

（一）关于对高质量发展的认识

高质量发展是国家针对当前国内发展存在的问题和矛盾所提出的解决思路，具有特定的时空性特点和普遍性特征，有其特定的时代背景。实现高质量发展是当前中央对我国发展提出的具有普遍性、整体性和原则性要求。

党的十九大报告指出："发展不平衡不充分的一些突出问题尚未解决，发展质量和效益还不高，创新能力不够强，实体经济水平有待提高，生态环境保护任重道远；民生领域还有不少短板，脱贫攻坚任务艰巨，城乡区域发展和收入分配差距依然较大，群众在就业、教育、医疗、居住、养老等方面面临不少难题；社会文明水平尚需提高；社会矛盾和问题交织叠加，全面依法治国任务依然繁重，国家治理体系和治理能力有待加强；意识形态领域斗争依然复杂，国家安全面临新情况；一些改革部署和重大政策措施需要进一步落实；党的建设方面还存在不少薄弱环节。"同时指出："我国经济已由高速增长阶段转向高质量发展阶段。"

关于"高质量发展"目前还没有一个权威定义。国家提出的高质量发展，强调的是要坚持科学发展观、体现"新发展理念"的发展；是体现中央"五位一体"总体布局和"四个全面"战略布局要求的发展；是能够化解新时代"人民日益增长的美好生活需要和不平衡不充分的发展之间的矛盾"以及能够应对国内外重大挑战的发展。第十三届全国政协常委、全国委员会经济委员会副主任杨伟民同志在2018年5月17日北京"经济研究·高层论坛"发言时指出，高质量发展基本上要反映在六个方面：一是保持增长、就业、价格、国际收支等指标的均衡；二是促进产业体系的现代化，生产方式的平台化、网络化和智能化，要有一批别人离不开的技术、产品或零部件；三是保持农业、工业等协调；四是促进资源空间均衡，农产品主产区主要是提供农产品，生态功能区则是提供清洁的空气、清洁的水、宜人的气候、优美的条件等，把更多的空间还给大自然；五是实现投资有回报、企业有利润、员工有收入、政府有税收；六是着力提高资本、劳动、土地、资源、能源这些要素的效果，要重视提高人才、科技、数据、环境等新的生产要素的效率。谢京辉研究员认为，高质量发展核心是经济发展高质量。因此，国家高质量发展的核心要体现国家现代化经济体系的基本框架，主要体现五个维度的高质量：全要素生产率、科技创新能力、人力资源质量、金融体系效率、市场配置资源机制。

江苏省发展高质量在国家发展高质量的框架下，重点突出"六个高质量"，即经济发展高质量、改革开放高质量、城乡建设高质量、文化建设高质量、生态环境高质量、人民生活高质量。目前，江苏省发展高质量的评价指标体系和考核办法均已出台，为江苏省高质量发展的实施提供了政策依据。

（二）把握好高质量发展的五大特点

1. 高质量发展具有时代性（动态性）

不同历史发展阶段，高质量发展的衡量标准不同。"从全面建成小康社会到2035年基本实现现代化，再到2050年建成富强民主文明和谐美丽的现代化强国，整个过程都是追求高质量发展的过程。在这个过程当中评价的体系、统计的体系、政策的体系、绩效的评价等等都会相应地做出一些调整，但是也不会一次就到位，而是逐步完善"。邓小平时代我们强调"不管白猫黑猫，抓到老鼠就是好猫"；而如今我们提倡"既要金山银山，也要绿水青山，绿水青山就是金山银山"的发展理念。所以，高质量发展是一个不断创新、探索、动态发展的认识过程。

2. 高质量发展具有相对性

发展的质量高不高取决于比较的对象和方法。既可以横向比，也可以纵向比，或在不同的评价体现中比。

3. 高质量发展的衡量标准具有差异性

一是区域差异，同一个时期不同区域高质量发展要求和侧重点是不同的，因为区域发展功能定位和发展基础不同。比如，江苏省的"1+3"发展规划，"1"和"3"各有不同的发展要求。二是层次差异，宏观、微观高质量发展要求不同。

4. 高质量发展具有高科技性

知识经济时代（工业4.0时代）下的高质量发展一定是建立在高科技基础上的发展。习近平总书记在2018年两会期间参加广东代表团审议时指出，要实施高质量发展，必须把握好"发展是第一要务，人才是第一资源，创新是第一动力"的内在关系。所以，在高质量发展的背景下，全国掀起的人才"大战"足以说明这一点。宏观发展高质量要以微观发展高质量为基础。从科技人才高质量、企业运营高质量、产业发展高质量、区域发展高质量，最终到国家发展高质量，是高质量优势逐级转化的结果，也是我们厘清高质量发展关系的基础（图1-1）。广东省和山东省海洋经济发展水平高与两省雄厚的海洋科技支撑是分不开的。

科技人才高质量
企业运营高质量
产业发展高质量
区域发展高质量
国家发展高质量

图1-1　高质量发展关系示意图

5.高质量发展具有可评价性

"需要指出的是，高质量发展绝不是一个单纯的口号，而更是一套完整的指标和科学的评价体系" "要加强顶层设计，抓紧出台推动高质量发展的指标体系、政策体系、标准体系、统计体系、绩效评价、政绩考核办法，使各地区各部门在推动高质量发展上有所遵循。要支持各地区结合实际积极探索推动高质量发展的途径"。高质量发展不可评价，高质量发展就难以"落地"。目前国家高质量发展评价体系仍在讨论和制定之中，江苏省高质量发展评价指标体系和连云港市高质量发展评价指标体系已基本确立。

（三）海洋经济高质量发展是沿海地区高质量发展的重要组成部分

海洋经济是国民经济的重要组成部分，国民经济高质量发展的要求自然也是对海洋经济高质量发展的要求。前面已经提到，江苏省、连云港市的高质量发展评价指标体系已基本确立，那么，连云港市海洋经济高质量发展的指标体系是不是也已确立，需不需要再单独制定连云港市海洋经济高质量发展指标体系。从目前情况看，连云港市发展高质量和连云港市海洋经济高质量发展的"上下位"关系处理得并不理想。

我们说，现在人们发展海洋经济的思想观念已发生变化，是以海洋资源和空间开发利用为依托追求实现社会价值最大化为目标，即在海洋经济和陆地经济协调发展的基础上实现社会价值目标的最大化。江苏是海洋大省，但江苏不是海洋经济强省。资料统计显示，广东省2017年海洋生产总值1.78万亿元，占当年全省生产总值的1/5；山东省2017年海洋总产值占全省GDP近两成，达到1.4万亿元；江苏省2017年全省海洋生产总值为7 217亿元，仅占全省生产总值的8.4%（不到一成）。由于江苏海洋经济发展在全省经济发展的比重偏低且发展条件较差，江苏省在确立"高质量发展指标体系"时并未明确给出对江苏省海洋经济高质量发展的具体指标要求，而是纳入各市"六个特色自定指标"由各市自行考虑。从目前连云港市高质量发展指标体系构成来看，是不是很好地反映了连云港市海洋经济高质量发展的要求还有待商榷。连云港作为沿海城市，海洋经济发展理应在城市"高质量发展"中占有重要地位。

（四）不同区域海洋经济高质量发展的目标要求应有所不同

因各沿海地区资源禀赋差异和国家战略价值不同，对我国不同沿海区域发展海洋经济的要求亦不同。利用全新海洋经济发展理念，站在国家战略层面确立连云港市海洋经济高质量发展的目标任务，并将其有机地融入连云港市高质量发展整体规划之中，是当前连云港市实现海洋经济高质量发展的当务之急。现在的问题是，不论是人们的思想观念，还是政府现有体制机制改革，往往要落后于形势的变化，以至于在我们的工作推进中产生各种问题，但却无法予以有效解决。

国家发展改革委、国土资源部、环境保护部和住房和城乡建设部四部委2014年联合下发《关于开展市县"多规合一"试点工作的通知》，提出在全国28个市县开展"多规合一"试点。2016年12月27日，中共中央办公厅、国务院办公厅印发了《省级空间规划试点方案》（厅字〔2016〕51号）。2017年5月连云港市选定国家级高新区作为全市"多规合一"试点区域，开展"多规合一"探索与实践工作。

"多规合一"实施以来，我国试点地区社会经济发展的整体性、系统性、协调性、科学性水平不断提升。连云港市"多规合一"起步较晚，"多规合一"从试点的范围、推进的力度、实施的效果上看还不甚理想。"陆海统筹"需要连云港市在发展中统筹处理好陆地和海洋发展的关系，要有一个科学"合一"的"陆海统筹"发展规划。

从服务于连云港市高质量发展的要求看，连云港市海洋经济高质量发展目标的确立要重点体现以下要点：一要体现国家和江苏省对连云港市高质量发展的基本要求（高质量发展指标体系）；二要体现国家和江苏省对连云港市发展定位要求（国家"一带一路"中线海陆支点；借助"一带一路"服务江苏"一中心、一基地"的桥梁纽带；"一枢纽、两中心"城市定位；国家重要石化基地等）；三要体现江苏省海洋经济发展"十三五"规划对连云港市的发展要求（"一带、两轴、三核"空间发展布局对连云港市发展要求）；四要体现连云港市海洋资源禀赋和现有优势海洋产业发展要求。

三、连云港市海洋经济高质量发展建议

（一）用新的海洋经济发展理念创新连云港市海洋经济高质量发展

转变传统海洋经济发展理念，要有"跳出海洋看海洋""站在海洋谋全局"的境界，用新的海洋经济发展理念来指导海洋经济的发展，要站在社会整体利益最大化的视角来谋划海洋发展。不论是发展海洋经济还是谋划连云港市的陆地经济发展，都要坚持"新发展理念"、坚持"陆海统筹"、坚持用实现社会整体利益最大化的观念来创新连云港市海洋经济的发展。

（二）用国家战略引领连云港市海洋经济高质量发展

回顾连云港市的发展，什么时候我们主动把自身发展与国家发展战略紧密联系在一起，我们的发展就好些、快些。连云港市能够成为国家最早一批开放城市、新亚欧大陆桥"东方桥头堡"城市、"一带一路"强支点城市，无不受益于连云港

市将自身发展主动融入国家发展大局。在服务国家发展大局中实现连云港市的高质量发展既是江苏省委、省政府对连云港市的嘱托，也是连云港市干部群众在长期发展实践中对实现本市高质量发展所形成的共识。海洋经济作为连云港市经济的重要"板块"，要实现自身的高质量发展，同样需要用国家战略来引领。建议连云港市设立以市长为组长、市发展改革委牵头和相关部门参与的全市高质量发展领导小组，负责在国家战略引领下全市高质量发展目标体系制定和相关目标任务的组织与协调工作，把连云港市海洋经济高质量发展目标纳入全市高质量发展目标体系之中。

（三）用系统化思维科学谋划连云港市海洋经济高质量发展

高质量发展离不开规划引领。实现连云港市海洋经济高质量发展是一项复杂的系统工程，要用系统化思维科学谋划。连云港市海洋经济高质量发展是连云港市高质量发展系统的一个子系统，要将海洋资源开发和空间利用纳入全市社会经济发展全局加以统筹。如何从系统优化的角度实现连云港市海洋经济高质量发展，需要专家和相关部门协同深入研究，尽快形成一套能较好体现连云港市海洋经济高质量发展的城市社会经济高质量发展"多规合一"方案。

（四）用现代海洋产业体系支撑连云港市海洋经济高质量发展

"推动经济高质量发展，要把重点放在推动产业结构转型升级上，把实体经济做实做强做优。构建多元发展、多极支撑的现代产业新体系。"目前连云港市海洋产业体系在产业结构、规模、科技、对城市发展目标定位的支撑方面都还存在一些问题，离支撑连云港市海洋经济高质量发展的要求也还存在一定差距。构建连云港市现代海洋产业体系，要以实现连云港市高质量发展目标为导向，以海洋经济高质量发展目标打造连云港市"海洋产业创新发展链"；要以做大做强、转型升级海洋产业实体经济为重点，以海洋产业创新发展链打造连云港市"海洋经济高质量发展产业链"；要以科技创新驱动实体经济发展为动力，以建立高效金融服务体系和高水平海洋产业人才支撑体系为核心打造连云港市海洋经济高质量发展的"海洋产业科技创新服务支撑链"（"三链"）。从服务连云港市高质量发展的角度，规划设计连云港市现代海洋产业体系（构建"三链"）来支撑连云港市海洋经济高质量发展需要我们给出准确的答案。

（五）用绿色、可持续发展观念约束连云港市海洋经济发展

尊重海洋，顺应海洋，保护海洋，是人类和海洋交往最深刻的认识感受。坚持绿色发展，坚持可持续发展，坚定走生产发展、生活富裕、生态良好的文明发展道路，促进海洋经济发展与海洋生态保护相协调，是人类开发海洋最宝贵的经验教训。要实现海洋经济高质量发展，必须加强海洋生态红线管控，必须加强海洋污染联防联控，必须加强海洋空间资源利用管控，必须加强海洋生态环境治理修复。连云港市在海洋生态保护方面是有着血的教训的。因此，要实现连云港市海洋经济高质量发展，生态、绿色、可持续发展的理念必须坚守。

（六）用强有力的制度体系保障连云港市海洋经济高质量发展

中央在2017年12月18日经济工作会议上明确指出："实现高质量发展，必须加快形成推动高质量发展的指标体系、政策体系、标准体系、统计体系、绩效评价、政绩考核，创建和完善制度环境"（即"6大体系+1个体制"）。"6大体系+1个体制"是推进高质量发展的基础和制度保障。目前江苏省已出台《江苏高质量发展监测评价指标体系与实施办法》和《设区市高质量发展年度考核指标与实施办法》，连云港市也将出台配套的《连云港市高质量发展年度目标考核指标与实施办法》。但从"6大体系+1个体制"的建设要求看，连云港市高质量发展制度体系建设还有待完善。只有把制度体系建设落实到位，高质量发展才能有保障。

江苏省沿海开发融入"一带一路"建设路径研究

一、引言

江苏省沿海地区发展规划融入"一带一路"建设的一个理论依据就是江苏省沿海地区是"一带一路"中线的交汇点（孟立强等，2017），这方面的研究文献是本课题的研究动因之一。自从连云港市和江苏省提出"一带一路"交汇点概念以来，相关学者和政府官员都提出了相关的对策建议。连云港市应从收益分配、建设、科技合作机制等层面，实行"创新的合作模式"（古龙高等，2015）。根据连云港市实际，应提升港口发展内涵，更新城市发展理念，强化港产城融合发展（崔敏等，2016）。连云港市要抓住机遇，主动作为，并奋发有为，务求实效，要积极打造上海合作组织出海基地，并强化自身功能建设，提升地区的辐射带动能力，不断提升港口建设水平，加强交通枢纽建设，加快产业转型步伐。江苏省应紧密结合本省实际，突出关键举措，健全协作机制，推动基础设施建设，突出优势产业，加快开创可持续发展新境界（郑焱等，2016），要建设战略门户，建设战略通道，建设战略平台，建设战略区域，推进战略转型（古龙高，2016）。江苏省政府研究室围绕如何着力打造重大战略平台、培育集聚优势产业、完善综合承载功能、促进投资贸易便利化、健全协作机制、优化生态人文环境等方面阐述了如何加快"一带一路"交汇点建设。孟立强认为应从优化基础设施布局、细化要求、搭建平台、创新对外协调沟通、用好政策、提升政策效果、增强信心等方面加强江苏省"一带一路"交汇点建设。

　　同时，关于江苏省沿海开发战略与"一带一路"建设融合和对接问题，相关学者进行了一些探索。郑志来（2015）总括性地研究了江苏省"一带一路"建设通过连云港节点城市向沿海地区、沿东陇海线区域融合的路径，并提出江苏省"一带一路"建设应与江苏省沿海大开发、"长江经济带"建设、"长三角"一体化战略进行融合，促进要素向沿海和沿东陇海线集聚。蒋乃华（2015）认为随着经济发展进入新常态，江苏省沿海开发应"积极寻求新的优势及其动力来源，打造江苏省沿海经济升级版"，"一带一路"建设是将江苏省沿海地区资源优势转变为竞争优势的重大机遇，江苏省沿海地区应准确区分政府和市场的边界，整合沿海港口功能、促进临港产业集聚以及强化中心城市支撑。王双等（2014）从海洋交通、产业、平台、贸易便利化、生态保护方面，分析了借助"一带一路"建设发展沿海经济的路径。蒋宏坤（2015）认为，"一带一路"建设是江苏省沿海经济发展所面临的难得的发展机遇，应立足于"一带一路"建设的大视角重新整合江苏省沿海港口，实现绿色发展、协调发展、特色发展；吴价宝（2016）认为江苏省沿海开发战略与江苏省"一带一路"交汇点建设应协同推进，避免重复建设、机构之间推诿扯皮。

　　另外，由于沿海城市地处苏北，苏北开发规划与"一带一路"建设对接的相关研究也为本课题提供了一些启示。张建民（2014）认为苏北与丝路沿线国家在文化交流、经济和地理位置等方面具有天然的联系，应借助"一带一路"建设实现苏北振兴。古璇等（2015）提出"一带一路"建设对苏北发展提供了外经、外资、外贸走出去和平台、产业园区、自贸区建设引进来的机会。凌申（2015）认为苏北五市地处"一带一路"陆海交汇的枢纽地区，在区域空间上具有一定的重叠性，在一体化发展上具有较强的联系性。

　　以上研究分别从不同视角探讨了"一带一路"建设与江苏省沿海开发、苏北发展的融合和对接，目前尚缺乏系统探讨江苏省新一轮沿海开发与"一带一路"建设对接动因、对接路径问题的文献，而这正是本课题的重点。本课题认为把新一轮江苏省沿海开发战略放在"一带一路"建设的大背景下进行落实和推进，在经济进入新常态阶段，将会进一步提升江苏省沿海开发的质量和效率，实现创新、协调、绿色、开放、共享的发展，有助于国家"一带一路"建设的实施。

二、江苏省沿海开发战略融入"一带一路"建设的必要性

所谓融入，即融合进入。首先是融合，融合是指将两种或多种不同的事物合成一体；融入是通过一种事物融合进入另一种事物，融入强调过程，强调循序渐进，强调有机融合。

本部分着重从江苏省沿海经济发展现状、经济新常态的要求及新形势下江苏省沿海开发大背景或趋势三方面探讨江苏省沿海开发战略融入"一带一路"建设的必要性。

（一）江苏省沿海经济发展现状

2009年《江苏省沿海地区发展规划》实施，提出要把江苏省沿海地区建设成为"我国东部地区重要的经济增长极和辐射带动能力强的新亚欧大陆桥东方桥头堡"，明确港口建设特别是连云港的开发建设和滩涂开发是沿海发展的两个根本，要求到2012年，人均地区生产总值超过4万元，产业发展基础更加坚实，先进制造业比重持续上升，城镇化水平达到55%左右。重点建设连云港港主体港区、南通港洋口港区和盐城港大丰港区，适时推进南通港吕四港区、灌河口港口群、盐城港射阳港区和滨海港区等建设，实现港口、产业互动发展的新格局。

在规划引领和政策支持下，经过全省上下特别是沿海地区人民的努力，提前一年实现国家规划确定的第一阶段目标，圆满完成了沿海开发五年推进计划和六大行动确定的目标任务，成为全省增长速度最快、发展活力最强、开发潜力最大的区域之一，为全省经济增长和区域协调发展作出了重要贡献。沿海地区生产总值每年跨越一个千亿元级台阶，沿海三市GDP占全省GDP的比重逐年上升，如图1-2所示。

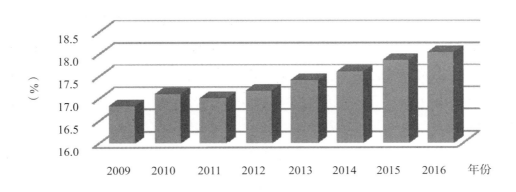

图1-2 沿海地区GDP占全省GDP的比重

2012年实现人均GDP 49 068.6元，其中，连云港人均GDP 36 470元，城镇化率54.4%；盐城市人均GDP 45 786元，城镇化率达到55.8%；南通市人均GDP达到62 596元，城镇化率已达到58.7%。2015年沿海三市GDP1.25万亿元，"十二五"期间年均增长11.5%，高出全省1.9个百分点，占全省比重从14.5%提高到17.86%，人均GDP突破1万美元，年均增长12.4%；公共财政预算收入、固定资产投资分别达到1 394.9亿元、9 826.3亿元，年均增长17.5%、16.4%，分别高于全省3个、7个百分点，社会消费品零售总额达到4 678.77亿元，年均增长13.6%。分地区来看，南通、连云港、盐城地区生产总值分别为6 148.4亿元、2 160.64亿元和4 212.5亿元，同比分别增长9.6%、10.8%和10.5%；一般公共预算收入2015年增长13.4%，超过全省平均水平2.4个百分点，占全省比重17.37%，总量超过苏中板块115.97亿元。南通、连云港、盐城分别为625.64亿元、291.77亿元和477.5亿元，同比分别增长13.8%、11.5%和14.2%。不仅如此，沿海地区13个主要经济指标全部高于全省平均水平，其中有8个指标超出全省平均水平3个点以上。规模以上工业增加值、工业用电量、进出口总额、出口额增幅高于苏南、苏中、苏北三大板块；地区生产总值、固定资产投资、社会消费品零售总额增幅高于苏南、苏中板块。沿海开发对苏北崛起的辐射效应不断增强，南通领头苏中、牵引苏北的效应非常明显，2015年主要经济指标绝对量稳居苏中、苏北板块首位；连云港、盐城两市经济总量占苏北比重为38.47%，比上年提高0.18个百分点。"十二五"期间，江苏省沿海每平方千米GDP从0.21亿元增至0.39亿元，增幅达79.9%。横向比较来看，"十二五"末，江苏省沿海每平方千米GDP已是广东沿海的1/2（50.6%），山东的4/5（83%），浙江的2/3（67.2%）。

以连云港港为核心的沿海港口群基本形成。连云港港30万吨级航道一期工程建成通航，2015年沿海港口吞吐量突破3×10^8 t，年均增长14.8%。海洋基础设施功能更加健全。南通港洋口港区、启东港区获批一类开放口岸，洋口港区15万吨级、吕四港区10万吨级航道开工建设，洋口港区码头接卸LNG大型船舶超过100艘，通州湾港区2个5万吨级码头主体竣工。盐城"一港四区"加快建设，建成19个万吨级以上码头，响水港区一类口岸临时开放获得国家批准。连云港"一体两翼"组合大港基本形成，徐圩港区、赣榆港区10万吨级航道建成通航，灌河港区5万吨级航道投入试运营。涉海交通体系日臻完善，海洋铁路、宁启铁路复线电气化改造建成通车，连盐、沪通铁路建设进展顺利，连淮扬镇、徐宿淮盐铁路开工建设。临海高等级公路建成通车，沿海地区"三纵五横"干线公路网络基本建成。长江南京以下12.5 m深水航道延伸到南通（天生港区）。沿海滩涂围垦开发步伐加快，完成滩涂匡围3.4×10^4 hm^2。依法科学推进海域滩涂围垦开发，以东台条子泥一期6 747 hm^{2}为主的重大匡围工程顺利完成，累计新增匡围滩涂约3.7×10^4 hm^2。不仅如此，经济增长质量也在不断提高，第一、第二、第三产业比重不断趋于均衡（表1-1）。

表1-1　江苏省沿海地区第一、第二、第三产业之比年际变化

	2009年	2013年	2014年	2015年	2016年
沿海地区	12.6：51.8：35.6	10.6：49.2：40.2	10.14：48.45：41.41	9.23：46.8：43.97	8.76：45.7：45.54

"十二五"期间，江苏省海洋生产总值由"十一五"规划末期的3 551亿元增至6 406亿元，占全省地区生产总值比重由8.6%提升至9.1%（见图1-3），占全国海洋

生产总值比重由9.0%提升至9.9%。其中，沿海三市南通、盐城、连云港海洋生产总值分别达到1 684亿元、914亿元、642亿元，占地区生产总值的比重由"十一五"规划末期的25.3%、19.4%和27.0%提升至27.4%、21.7%和29.7%。

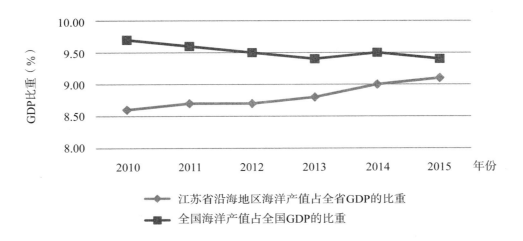

图1-3　江苏省沿海地区海洋产值占全省GDP的比重与
全国海洋产值占全国GDP的比重趋势比较

沿海三市城乡收入逐年增加，如图1-4所示。

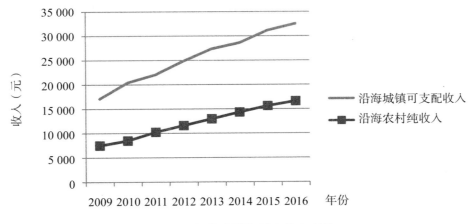

图1-4　江苏省沿海城乡收入变化

城乡收入比也在逐年缩小，如图1-5所示。

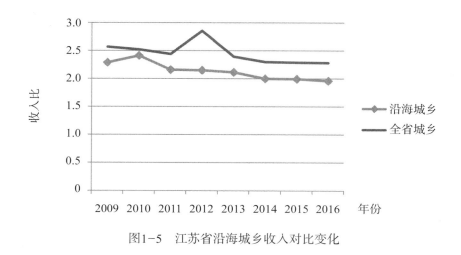

图1-5　江苏省沿海城乡收入对比变化

　　江苏省沿海城镇化率也在逐年提高，达到2020年的目标没有悬念，如图1-6所示。

　　江苏省沿海发展站上了新的起点，进入了新的阶段，东部地区重要经济增长极和新亚欧大陆桥东方桥头堡的地位初步显现。

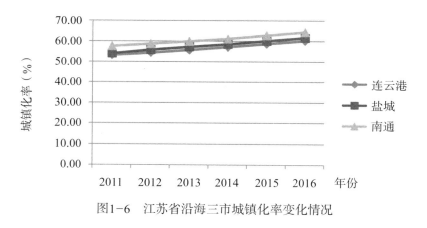

图1-6　江苏省沿海三市城镇化率变化情况

　　沿海地区发展在取得阶段性成果的同时，还存在一些薄弱环节和问题。江苏省沿海地区经济总量相比于江苏省沿海大开发战略之前虽有所进步，但仍处于江苏省中下游水平。江苏省沿海大开发战略区域协调发展以及区域振兴效果不明显，尤其是处于"一带一路"建设规划交汇点的连云港，其经济总量和人均地区生产总值长期居江苏省的下游，而且基本没有任何变化（表1-2）。

表1-2　江苏省沿海三市GDP在全省排名

GDP排名	连云港	盐城	南通	人均GDP排名	连云港	盐城	南通
2008年	12	7	4	2008年	12	10	7
2009年	12	7	4	2009年	12	10	7
2010年	12	7	4	2010年	12	10	7
2011年	12	7	4	2011年	12	10	7
2012年	12	7	4	2012年	12	10	7
2013年	12	7	4	2013年	12	10	7
2014年	12	7	4	2014年	12	10	7
2015年	12	7	4	2015年	12	10	7
2016年	12	7	4	2016年	12	9	6

2015年以来，随着经济下行压力加大，江苏省沿海GDP增长率也在下降，2016年江苏沿海地区全年实现生产总值13 720.76亿元，增长8.9%，虽仍然高于全省增长率1.1个百分点，但已比上年回落了0.5个百分点（图1-7），比"十二五"时期平均回落了0.8个百分点，增速明显放缓，意味着江苏省沿海地区开发经历了8年的高速增长，开始进入了中高速增长时期。

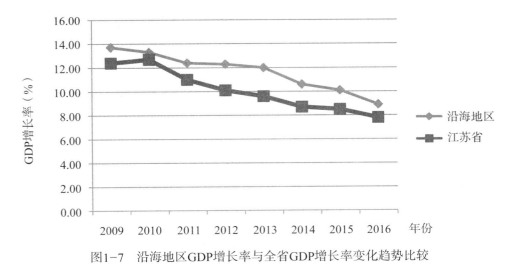

图1-7　沿海地区GDP增长率与全省GDP增长率变化趋势比较

从固定资产投资角度看，2009—2013年固定资产投资持续增加，占全省的比重从15%提高至19.1%。"十二五"期间，江苏省沿海地区固定资产投资连续跨越2 000亿元、3 000亿元、5 000亿元和8 000亿元大关，2015年达到9 826.27亿元，同比增长17.5%，高于全省7个百分点。"十二五"时期，沿海地区固定资产投资年均增长16.4%，固定资产投资增速超过GDP增速4.9个百分点。社会消费品零售总额年均增长13.6%。其中，2015年，沿海地区实现固定资产投资9 826.27亿元，社会消费品零售总额4 678.77亿元，进出口总额477.43亿美元，同比分别增长17.5%、10.9%和1.2%；2016年，江苏省沿海三市固定资产投资11 079.96亿元，增长12.8%，增幅超过全省平均水平5.3个百分点；2017年1—2月，沿海地区工业投资达974.81亿元，总量超过苏南板块，其中，南通、盐城工业投资分别为445.43亿元、370.74亿元，分列全省第一位和第二位。可以说，江苏省沿海地区经济增长主要是靠固定资产投资实现的。在图1-8中可以更清晰地看出，在2010—2016年间，只有2013年沿海地区固定资产投资增幅低于全省。

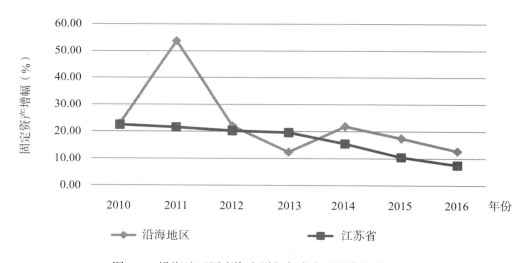

图1-8　沿海地区固定资产增幅与全省固定资产增幅对比

除2013年外，沿海地区固定资产投资增幅一直高于沿海三市GDP增幅，如图1-9所示。

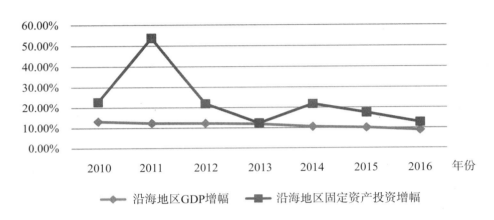

图1-9 沿海地区固定资产投资增幅与沿海三市GDP增幅趋势比较

而且随着固定资产投资的加大，投资效率是下降的，如图 1-10 所示。

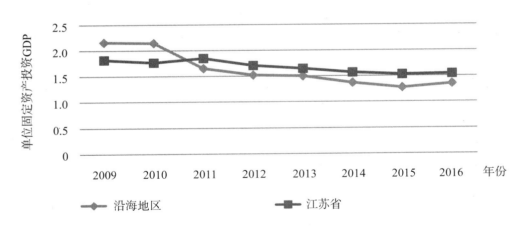

图1-10 沿海地区与全省单位固定资产带来的GDP趋势比较

图1-10显示，沿海地区单位固定资产投资产生的GDP不仅逐年下降，而且自2011年后开始低于全省，这说明靠加大投入已经不能产生必要的拉动作用了。

随着投资的增加及贡献率的下降，海洋科技对海洋经济的贡献率也趋于下降，如图1-11所示。

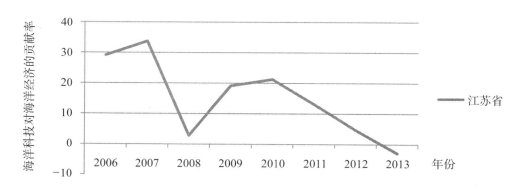

图1-11　江苏省海洋科技对海洋经济的贡献率波动趋势（杜海东等，2017）

综合交通运输网络存在结构性矛盾，港口布局分散，功能重复，产业结构相似，恶性竞争，过度追求规模，建设过度超前，产能过剩，效率低下，信息化水平低，土地资源占用多，生态环境风险大，港产城一体化不足等情况（蒋宏坤，2015），铁路建设相对滞后，连接港口与腹地的横向通道建设尚需加强。

沿海滩涂围垦开发也存在一些问题，如开发方式简单、开发层次低、开发效益低、方式粗放、布局分散、融资渠道单一、重复建设、匡围成本高、生态环境破坏和污染严重等，这些问题的产生某种程度上讲也是粗放式开发造成的，需要转变滩涂围填开发方式。

产业结构有待进一步优化，战略性新兴产业、高新技术产业发展相对滞后，普通船舶制造、近海渔业捕捞、沿海化工、港口，乃至石化、风电设备等产能或多或少存在过剩现象，高端船舶和特种船舶、海洋工程装备制造、高端旅游、设施渔业、远洋捕捞、海洋药物和生物制品、海水淡化与综合利用、高附加值和高信息技术的港口服务等高新技术产业还相对滞后，传统产业如滨海旅游、海洋渔业等产业有待进一步提档升级，服务业比重还低于全省和全国平均水平。从产业结构上来看，产业结构有待进一步优化，见表1-3。

表1-3　江苏省沿海地区与全国、全省三次产业比重比较

	2013年	2014年	2015年	2016年
沿海地区	10.6：49.2：40.2	10.14：48.45：41.41	9.23：46.8：43.97	8.76：45.7：45.54
全省	6.1：49.2：44.7	5.58：47.72：46.70	5.7：45.7：48.6	5.4：44.5：50.1
全国	9.4：43.7：46.9	9.2：42.7：48.1	9.0：40.5：50.5	8.6：39.8：51.6

江苏海洋经济生产总值占GDP的比重赶不上全国平均水平，见表1-4。

表1-4　2015年沿海5省海洋经济发展情况

省份	海洋生产总值（亿元）	海洋生产总值占地区生产总值的比重（%）
江苏	6 406	9.1
广东	15 200	20.9
山东	12 000	19.1
福建	6 878	26.5
浙江	6 180	14.4

　　另外，资源环境约束趋紧，水污染、农业面源污染问题比较突出，化工园区及化工集中区数量较多，江苏省沿海环境承载力有下降趋势，环境负债较多，仅连云港市未来5年需要的海水水质恢复资金就达105亿元。2016年江苏近海海域水质优良点位率为68.20%，处于沿海11个省（市、自治区）的第8位，自从沿海开发后优良点位率基本上都在60%～70%之间，如图1-12所示。

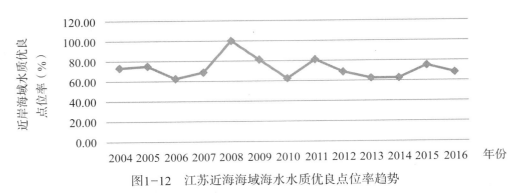

图1-12　江苏近海海域海水水质优良点位率趋势

如果按照"五大发展理念"构建指标体系，采用主成分分析法进行打分，纵向综合评价江苏省海洋经济发展状况，可以得到表1-5中的数据。

表1-5　江苏省基于"五大发展理念"和主成分分析进行纵向评价得分

年份	综合得分	排名
2009	−11.516	8
2010	−4.31	7
2011	−3.381	6
2012	−2.897	5
2013	2.661	4
2014	4.944	3
2015	6.927	2
2016	8.575	1

综合评价显然在逐年上升，但是同样的指标再进行横向比较，则可以看出相当的差距及发展落后的原因。如果对上述主成分所用指标按照改进功效系数法对沿海7个省市进行综合评分，然后排序，可以得到表1-6及表1-7中的数据。

表1-6　沿海7省市基于"五大发展理念"进行评价得分情况

指标	广东省	山东省	上海市	江苏省	辽宁省	浙江省	福建省
万元GDP电耗	92.06	89.01	96.95	91.15	60	100	92.37
工业固体废物产生量	92.56	60.59	100	81.14	60	95.11	94.76
湿地面积比重	61.56	62.35	100	72.3	61.36	62.26	60
建成区绿化覆盖率	94.78	94.2	72.75	97.68	60	86.67	100
生活垃圾无害化处理率	77.31	100	100	99.4	60	100	90.45
城乡居民可支配收入差额	70.44	60.21	100	68.38	60	74.37	63.35
城乡居民可支配收入比	89.23	87.18	90.77	65.13	100	60	70.77

续表1-6

指标	广东省	山东省	上海市	江苏省	辽宁省	浙江省	福建省
海洋GDP占全省GDP比重	93.15	75.18	100	60	76.23	70.75	90.5
海洋第二产业占全省GDP比重	83.16	79.55	87.49	60	75.72	73.1	100
海洋第三产业占全省GDP比重	86.6	69.76	100	60	71.29	67.52	78.24
万人专利申请数	83.29	66.44	85.75	95.7	60	100	74.84
规模以上工业企业研发人员全时当量	97.2	79.12	64.91	100	60	87.08	65.26
研发经费占GDP比重	77.4	73.45	100	79.19	61.79	75.07	60
专利申请授权量	100	72.48	66.69	95.21	60	93.57	67.19
劳动效率	70.9	61.49	100	82.68	60	70.57	61.93
对外承包工程营业额	100	85.57	73.26	78.96	61.42	73.67	60
外商投资企业投资总额	94.1	62.32	91.26	100	60	66.4	60.78
外贸进口总额	100	66.87	86.43	78.74	60	63.32	61.23
出口总额	100	66.77	70.1	79.89	60	76.19	64.36
一般贸易出口额占出口总额比重	60	82.1	80.93	65.77	69.02	100	94.03
实际利用外资	97.89	85.67	88.81	100	60	87.07	69.65
人均海洋总产值	83.62	66.65	100	60	63.95	68.61	77.2
人均用电量	76.18	66.44	76.45	85.67	60	100	62.15
人均图书馆藏书量	63.16	60	100	66.62	65.86	71.13	64.21
城镇登记失业率	100	75	60	87.5	67.5	90	65
每万人医疗机构床位数	69.73	78.07	75.3	72.16	100	87.52	60
万人医师数	77.01	71.21	78.37	73.9	74.95	100	60

表1-7　沿海7省市基于"五大发展理念"进行评价综合得分情况

省市	绿色	排序	协调	排序	创新	排序	开放	排序	共享	排序	综合	排序
广东省	79.02	5	84.47	2	89.54	2	96.35	1	75.45	3	86.37	2
山东省	68.48	6	73.40	5	71.84	5	73.41	5	65.82	7	70.78	6
上海市	98.71	1	95.67	1	78.20	4	80.97	3	91.56	1	87.72	1
江苏省	80.01	3	61.50	7	93.14	1	84.67	2	68.76	4	79.96	3
辽宁省	60.58	7	74.24	4	60.22	7	60.83	7	67.44	6	63.37	7
浙江省	81.84	2	69.48	6	88.05	3	74.11	4	77.45	2	78.58	4
福建省	79.39	4	82.81	3	66.70	6	64.66	6	67.75	5	70.92	5

　　2016年江苏省在7个主要沿海省市中的海洋发展排名为第3位，综合得分为79.96，说明江苏省海洋发展比较好，但是与第1名（上海）和第2名（广东）的发展情况相比差距仍然比较大，与第1名相差7.76分，与第2名相差6.41分。从分项来看，首先是江苏省协调发展指标表现最差，与其他6个沿海省市相比得分只有61.5分，排名第7位，其中第一、第二、第三产业以及海洋GDP占总GDP比重排名最低，城乡差距也比较大；其次表现较差的是共享类指标，排名第4位，尤其是人均海洋总产值得分较低，在7个沿海省市中排名最后；开放发展与其他省市相比排名第2位，得分为84.67，发展相对较好，但是一般贸易出口额占出口总额比重较低，只有48.67%，排名第6；表现最好的是创新发展，在7个沿海省市中排名第1位。

　　综上所述，江苏省沿海开发战略执行9年来，沿海经济得到了快速发展，但是也遇到了瓶颈，协调发展、对外贸易、共享发展还不够。江苏省沿海地区仍然拥有发展的巨大潜力，资源环境足以支持。拿渔业资源来说，据课题组估计，江苏近海海洋渔业资源价值就达1 043.24亿元，其中，经济价值为966.49亿元，社会价值为72.93亿元，生态价值为0.68亿元，非利用价值为3.14亿元。需要寻求新的突破，而这种突破应着眼于打破地域、市场、行政藩篱，立足战略眼光，接轨"一带一路"建设，实现共商、共建、共享协调发展，构建共同体。

（二）经济新常态的要求

从2001—2008年，世界经济年均增速为5.3%，2009—2015年期间仅为3.3%，同比下降了37%。2016年，世界经济增长率为2.2%。世界各国经济增速放缓已经成为大趋势，发达经济体经济增速明显回落，从2015年的2.1%下滑至2016年的1.6%，其中美国和欧元区各下降1.0个和0.3个百分点。世界经济不平衡加剧，创新动力下降，政治不确定性增加，逆全球化加剧，世界经济进入了"新常态"。面对世界经济新常态的三大趋势，"一带一路"以共同发展为理念，提供了一个包容性巨大的发展平台，把快速发展的中国经济同沿线国家的利益结合起来，实现了在更广大的范围内快速配置资源，实现了东西方资源的对接互补，促使各方产业结构升级，成为世界经济新常态的新动力和新增长点。

中国GDP增长率从2008年开始结束了长达5年的两位数增长态势并逐年放缓，自2012年开始进入7%～8%的增速空间，习近平总书记第一次提及"新常态"是在2014年5月考察河南的行程中。我国经济进入新常态，经济发展速度由高速增长进入中高速增长，由单纯依靠生产要素的大量投入的粗放式增长转向提高资源要素利用效率的集约式增长，由注重GDP增长转向经济、社会和资源环境全面发展，经济发展动力正在由传统的依赖投入和规模转向依赖创新和结构优化，这是对中国经济发展新理念、新路径、新要求的阐述。根据上面的分析，江苏省沿海经济的发展也是如此，依靠投资带来的经济增长动力减弱，科技创新对经济的贡献率不高，产业结构仍需要进一步优化，资源环境约束趋紧，滩涂、港口等重要资源的开发粗放，部分产能过剩与发展不足并存，发展不协调，外贸依存度低，发展共享度低。依靠规模和投入的老路难以持续。今后，海洋经济增长将更多依靠人力资本质量、技术进步和结构调整，认真落实供给侧结构性改革五项重点任务，激活欠发达地区的生产力，刺激国内经济升级换代，全面提升全要素生产率，依托"一带一路""长江经济带建设""长三角一体化"等国家战略叠加优势，以改革推动开放、以开放倒逼改革，全方位深化推进与沿线国家和地区的互利合作，进一步加强区域资源整合，统筹重大基础设施建设，提高共建共享、互联互通水平，加快建立区域统一市场体系，促进资源要素合理流动和优化配置，推进沿海及其与周边地区一体化发展。

原江苏省委书记李强在江苏沿海地区调研时强调，应积极对接国家"一带一路"建设，高水平推进沿海地区的开发。

（三）国内战略融入"一带一路"建设是大势所趋

2013年，习近平主席提出"一带一路"倡议以来，吸引了全世界的目光，引起了强烈的反响，并取得了实实在在的成绩，得到了沿线大多数国家的响应，这是一个世界性的合作，必将深刻地影响世界经济的发展和变迁，也必将影响国内经济的发展，影响江苏省沿海开发的进程，从此，江苏省沿海开发将进入与周边、与世界互联互通的时代，江苏省沿海地区必须把自己放在"一带一路"合作下审视和谋划。习近平主席提到，在2020年，我国与欧盟贸易额要达到1万亿美元，与东盟基本达到1万亿美元。上述两个1万亿，是我国提出"一带一路"倡议最直接的合作诉求。中欧经济总量占世界经济的1/3，而双方贸易总量却只占全球贸易的1.5%，欧亚大陆道路不联通、贸易不畅通、政策不融通。"一带一路"建设的目标是实现全球利益共同体，有利于我国和世界经济长期可持续发展。从经济学角度讲，"五通""三共""三同""四路"实际上是实现融通和协调，最终构建全球大市场，在全球范围内配置资源，协调供求，也是我国统筹国内、国际两个市场实现供给侧结构性改革的举措。通过"一带一路"建设可以实现资源要素在更大范围内的优化配置，实现国际和地区产能合作、优化各自供给结构。

在世界经济进入低速增长，西方国家贸易保护主义盛行之际，实施和融入"一带一路"建设，在更大范围内促进投资贸易便利化，降低投资贸易成本，有利于我国扩大贸易投资渠道，增加对外贸易投资额，提高对外贸易对GDP的贡献率；向广大的中亚、西亚、非洲等地区的开放，增加基础设施建设投入，促进互联互通，有利于我国基础设施建设、钢铁、水泥等产业的对外投资，如中港建设集团在莫桑比克投资1 235万美元建设的德尔加督水泥厂，江苏德龙镍业有限公司在印度尼西亚投资建设的镍铁合金项目，南通建筑业的大规模输出等，"一带一路"沿线国家已成为我国钢材出口重要的目标市场；向东方开放，有利于分散和规避西方国家过高的投资贸易壁垒，分享中国经验和中国机遇，增加能源和资源类产品进口（如南通洋口港的天然气进口项目），同时扩大向西方发达国家开放，积极招引西方国家投资，接纳西方发达国家先进产能转移，学习西方先进技术和知识，增进我国经济增长动力，从而进一步升级我国产业结构，也利于对外开放格局的均衡化，抵消国际市场波动的风险；对于中国东西部来说，道理同样如此。"一带一路"建设将我国广大的西部变成开放的前沿，有利于中国东中西部经济平衡发展，加速产业结构升级，倒逼东部实行技术创新，发展的西部也会增加对东部先进技术产业产品的需求，从而有力推动供给侧结构性改革。

江苏省沿海实施"一带一路"建设有其地缘上的优势，江苏省沿海地区是整个江苏乃至"长三角"地区、长江经济带实施"一带一路"建设的交汇点。所以，江苏贯彻"一带一路"建设方案指出，要深化"一带一路"与长江经济带、沿海开发战略的联动融合，统筹实施国家战略。其中，要将目前经济相对欠发达的沿海地区作为江苏实施"一带一路"建设的重点区域，促使沿海地区成为"一带一路"和长江经济带对外开放合作具有示范意义的重要门户；《江苏省"十三五"沿海发展规划》也提出"着力推进供给侧结构性改革，突出创新驱动发展，全方位促进沿海及其与周边地区一体化发展，重点打造'一带一路'建设先行基地、江海联动发展基地和开放合作门户基地，加快建设我国东部地区重要经济增长极和辐射带动能力强的新亚欧大陆桥东方桥头堡。"从地理位置看，连云港、盐城、南通是重要战略支点，也是江苏省沿海开发的战略支点，还是东陇海线、淮河经济区、长江经济带融入"一带一路"建设的支点和节点城市。"一带一路"、沿海开发、长江经济带三大战略机遇叠加，并通过淮河生态经济带贯通全省，沿海、沿江、沿淮河、沿东陇海线"四沿"融合，并通过中原经济圈深入腹地，往西通过陇海兰新线连入中亚，南接"长三角"以及海西经济区，北接环渤海经济圈，共同融入"一带一路"，融入世界经济大循环。

三、江苏省沿海开发战略融入"一带一路"建设的可行性

本部分主要从江苏沿海开发战略与"一带一路"建设所覆盖的地域之间的文化交流、经济和地理位置方面、发展理念方面、建设内容方面进行对比分析，找出其异同，从而得出二者关系的相关结论。

（一）从历史来看

公元前219年至公元前210年，秦始皇为求长生不老药，曾遣方士徐福率童男童女等数千人东渡日本，这是有文字记载的中国人首次航海。连云港市佛教文化历史悠久，底蕴深厚。拥有海清寺、阿育王塔、法起寺、孔望山摩崖石刻、圆雕石像等众多佛教遗存。其中，孔望山摩崖石刻、圆雕石像是我国最早的佛教石刻石像，所以有赵朴初先生的"海上丝绸路早开，阕文史实证摩崖。可能孔望山头像，及见流沙白马来。"连云港的汉代东连岛东海琅琊郡新莽时期界域石刻、连云港孔望山海龙王庙（龙兴寺）遗址、连云港封土石室墓群等都是海上丝绸之路的重要见证。韩国新罗王子金乔觉曾在连云港登陆后到九华山成佛。韩国人崇拜的民族英雄张保皋曾在连云港等地留下了足迹，连云港的著名风景区宿城就有唐代时韩国人居住的新罗村。公元684年，高丽僧人封大圣随新罗使团来中国，中途遇风，舟船尽翻，封大圣抱住一只掀入海中的木制皮鼓，漂到盐城西溪三昧寺。尤其是隋唐时，日本派遣了多批"遣隋使""遣唐使"来华学习先进技术、先进文化、先进制度，江苏省沿海是其必经线路之一。唐天宝十二年（公元753年）长期留学中国长安的日本人晁衡（本名阿倍仲麻吕）作为唐使者，从海州出发东渡日本。唐开成三年（838年）日本遣唐使藤原常嗣买船停泊海州东云台山下，启航回国。唐开成四年（839年）日本佛教天台宗第二代祖师圆仁和尚乘船来中国求法，泊船于海州东海界山湾浦（高公岛）。唐贞观二年（702年），日本遣唐使粟田真人因渡海途中遇风到达盐城县境，受到热情接待，两天后去朝廷。788年，朝廷派扬州判断韩国源随日本使臣小野石根，从盐城海口出发出使日本。元和十一年（816年），新罗王子金士信来唐，突遇恶风，船漂盐城县境，地方官员给予妥善安置，并报朝廷。日本第

八次"遣唐使"阿倍仲麻吕（晁衡）等人渡过东海，到达盐城海岸登陆，受到了盐城地方官的亲切接待。唐代高僧鉴真为弘扬佛法，多次东渡日本，先后于天宝二年（743年）和天宝七年（748年）在南通狼山登岸避险。日本佛教天台宗第二代祖师圆仁法师随日本遣唐使从日本博多漂流到现今的南通市如东县，在海面遇险，被当地百姓救起，并在国清寺停留17天。宋元丰七年（1084年）朝廷下诏在海州建立高丽亭馆，接待海外商旅。清康熙二十四年（1685年）朝廷分别在广州、厦门、宁波、云台山设榷关。总之，江苏省沿海三市与日本、韩国早就有官方和民间交流，尤其是连云港徐福遗迹孔望山历史遗迹证明海上丝绸路早就开通了。

（二）从地理位置上看

江苏省沿海独特的地理位置决定了在"一带一路"建设中的独特作用。江苏省沿海地区具有独特的地缘优势。从地理位置来说，江苏省沿海位于三大经济圈的节点位置，即亚太经济圈、环渤海经济圈和"长三角"经济圈的节点位置；位于两大经济走廊的节点位置，即新亚欧大陆桥经济走廊、长江经济带的节点位置，既是新亚欧大陆桥的桥头堡，又是丝绸之路经济带的东端起点，同时还是陆上和海上丝绸之路的交汇点。这三大节点位置揭示了江苏省沿海向东与日韩隔海相望，进而连接东北亚、东南亚、南亚乃至北美，向西通过新亚欧大陆桥，将太平洋沿岸和上合组织成员国、西亚乃至欧洲紧密联系起来，具有沟通中西、连接南北的独特区位。这种区位优势，有望使江苏省沿海成为"一带一路"建设规划的枢纽，江苏省沿海发展必然并且有可能通过连云港、南通等融入丝绸之路经济带和海上丝绸之路。

（三）从江苏省沿海开发战略与"一带一路"建设比较上来看

1. "一带一路"建设

国家发展改革委、外交部、商务部经国务院授权，2015年3月28日联合发布《推动共建丝绸之路经济带和21世纪海上丝绸之路的愿景与行动》，中国将构建全方位开放新格局，深度融入世界经济体系，要畅通5条通道，打造6条国际经济合作走廊，其中，连云港市是新亚欧大陆桥节点城市。要秉持"共商共建共享"原则，实施"五通"建设：第一，政策沟通。沿线各国共同制定推进区域合作的规划和措施。第二，设施联通。交通、能源、通信互联互通。第三，解决投资贸易便利化问题，消除投资和贸易壁垒，鼓励双向投资。第四，资金融通。扩大沿线国家本币互换和结算的范围和规模，加快丝路基金等组建运营，支持发行人民币债券和外币债券；第五，民心相通。广泛开展教育、文化、学术、人才、体育、旅游、媒体交流合作，为深化双多边合作奠定坚实的民意基础。最终目标是共同打造三大共同体，即命运共同体，利益共同体和责任共同体。2015年5月5—6日，江苏省在连云港召开贯彻落实"一带一路"建设的工作会议，并公布了贯彻落实"一带一路"建设规划的实施方案。认为江苏处于丝绸之路经济带和21世纪海上丝绸之路的交汇点上，连云港作为新亚欧大陆桥的东部起点，是江苏省"一带一路"交汇点建设的核心区，江苏应以沿线国际大通道和重点港口城市为依托，以中亚、东南亚、南亚、西亚等国家为重点，着力建设新亚欧大陆桥经济走廊重要组成部分、综合交通枢纽和国际商贸物流中心、产业合作创新区、人文交流深度融合区。方案提出，江苏要在八大领域对接"一带一路"建设：一是依托新亚欧大陆桥经济走廊节点城市，打造国际产业和物流合作基地；二是强化互联互通基础设施建设；三是提升经贸产业合作层次和水平；四是深化能源资源领域合作；五是加强海上合作，发展海洋经济；六是拓展金融业务合作；七是密切重点领域人文交流合作；八是深化生态环境保护合作，在推进机制和保障措施上创新。"要将目前经济相对欠发达的沿海地区作为江苏实施'一带一路'建设的重点区域"，方案要求加快使沿海地区成为江苏经济新增长极。

2. 江苏省沿海开发战略

在2009年江苏省沿海地区开发规划里，要求"加快江苏省沿海地区发展，充分发挥陇海兰新沿线地区出海通道的作用，将进一步促进中西部地区与东部沿海地区的经济交流"。"增强新亚欧大陆桥东方桥头堡作用，将进一步加强我国与欧洲、中亚、东北亚国家之间的沟通和联系，促进国际合作与交流，实现共同发展和共同繁荣。""加强与周边地区、泛长三角地区、中西部地区、新亚欧大陆桥沿线国家及东北亚地区的合作，创新区域与国际合作机制，在合作共赢中谋求新的发展。"目标就是将江苏省沿海地区建设成为"我国东部地区重要的经济增长极和辐射带动能力强的新亚欧大陆桥东方桥头堡"。在加快江苏省沿海开发中，一要优化城镇、农村和生态空间布局，加快连云港、盐城和南通三个中心城市建设，集中布局临港产业，形成功能清晰的沿海产业和城镇带；二要重点加强沿海港口群、水利、交通和能源电网等重大基础设施建设，不断增强区域发展支撑能力；三要大力发展现代农业；四要推进先进制造业和生产性服务业发展，积极发展以风电和核电为主体的新能源产业；五要加快推进城乡一体化，缩小城乡和南北地区差距，促进协调发展；六要加强海域滩涂资源开发；七要实施严格的环境保护政策；八要推进体制改革，加强人才队伍建设。

3. "一带一路"建设与江苏省沿海开发战略对比

通过对比，可以发现"一带一路"建设与江苏省沿海开发战略既有区别，又有联系，有联系可以融合，有区别也有必要融合。

第一，"一带一路"建设与江苏省沿海开发战略在以下方面存在区别。

（1）格局不同。2009年出台的《江苏省沿海地区发展规划》着眼于全国沿海经济发展，具体规划了江苏省沿海经济开发布局、重点和发展方向；2015年发布《推动共建丝绸之路经济带和21世纪海上丝绸之路的愿景与行动》着眼于世界和未来，立足中国、沿线国家乃至世界经济现实，谋划了"一带一路"建设的理念、内容、方向、通道。江苏对接"一带一路"的实施方案，也在其指导下着力建设新亚欧大陆桥经济走廊的重要组成部分、综合交通枢纽和国际商贸物流中心、产业合作创新区、人文交流深度融合区。所以，后者格局更大，是将全国经济深度融入世界经济。

（2）理念不同。江苏省沿海地区发展的指导思想是："统筹城市与农村、陆地与海洋、经济与社会发展，着力优化空间布局，推进区域一体化发展，着力转变发展方式，建设资源节约型和环境友好型社会，着力保障和改善民生，加快构建社会主义和谐社会，着力加强区域合作，增强新亚欧大陆桥东方桥头堡的辐射带动作用，不断提高综合实力和竞争力，努力将江苏省沿海地区建设成为我国东部地区重要的经济增长极，在区域协调发展和对外开放中发挥更大作用。"这种规划更注重于硬件建设和物质目标导向。而"一带一路"建设针对各国安全、政治、经济、民族、宗教、文化等的差异，采取沿线国家"共商、共建、共享"的手段，通过政策沟通、设施联通、贸易畅通、资金融通、民心相通实现互联互通，建设"绿色丝绸之路、健康丝绸之路、智力丝绸之路、和平丝绸之路"，"致力于打造文化包容、经济融合、政治互信的利益共同体、命运共同体和责任共同体"。"一带一路"精神是"和平合作、开放包容、互学互鉴、互利共赢"，带有明显的和合、融通、大同、辩证义利观等中国文化意味，又有清晰地解决当代世界经济问题的时代特色，理念论述更全面，更加高瞻远瞩，这种智慧性具备了明显的人文精神和融通特征，契合了沿线国家发展需要的现实，表达了人类发展的最终愿望和目标。

（3）建设内容不同。江苏省沿海开发战略建设内容包括：江苏省沿海产业带和城镇带建设，重大基础设施建设，农产品加工产业基地建设，推进先进制造业、生产性服务业的发展，城乡一体化建设，海域滩涂资源的开发，加强环境监管，加强人才队伍建设，重点是港口建设和滩涂资源开发，基本上属于国内区域建设中突出重点进行规划建设的范畴。而"一带一路"建设的内容却是针对沿线国家硬件、软件不能联通的现状，提出"五通"建设，思路更清晰。具体到江苏的对接方案，其建设内容包括依托新亚欧大陆桥经济走廊节点城市，打造国际产业和物流合作基地，强化互联互通基础设施建设，提升经贸产业合作层次和水平，深化能源资源领域合作，加强海上合作，发展海洋经济，拓展金融业务合作，密切重点领域人文交流合作，深化生态环境保护合作，着眼于国际合作，而且范围更广，涵盖了人文交流、能源合作、经贸合作、金融合作等领域。

（4）机构建制不同。为了支持沿海开发，江苏省级层面专门成立了江苏省沿海地区发展领导小组，省委书记和省长任组长。连云港、盐城、南通等沿海各市分别成立了由各市市委书记担任第一组长，由市长担任组长的沿海开发领导小组，统筹安排各市的沿海开发工作。连云港各县区还专门设立了沿海地区发展办公室并成立了由市领导担任组长的市重大事项督查组，对沿海开发的特重大项目进行督查。为了顺利推进"一带一路"交汇点建设，江苏省省级层面在江苏省发展改革委下设立了推进"一带一路"工作领导小组，连云港也成立了相应的"一带一路"工作领导小组，统抓"一带一路"交汇点建设工作，并成立了示范区建设领导小组，专门负责示范区建设的推进。两套班子，分别隶属于不同的部门，各行其是，但部分职能和机构重叠，而且"一带一路"工作领导小组定位较低。

（5）目标不同：按照《江苏省沿海地区发展规划》要求，江苏省沿海地区将在2020年建成我国沿海新型的工业基地、重要的后备土地资源开发区、重要的综合交通枢纽，成为人民生活富足、生态环境优美的宜居区，成为东部地区重要的经济增长极，成为辐射带动能力强的"新亚欧大陆桥东方桥头堡"。"一带一路"交汇点建设规划中提出，近期目标是要用3～5年时间，在基础设施、经贸产业合作等领域取得实质性的进展。基本实现基础设施的互联互通，显著提升经贸产业合作水平，明显增强海上合作和海洋经济发展水平，显著提升人文交流水平。中期目标是要用10年左右时间，在江苏省内全面建成互利互惠、合作共赢的经济新体制，不断扩展在"一带一路"沿线国家和地区的影响力。远期目标是在21世纪中叶，全面实现融入"一带一路"大局的远景愿望，率先建立起区域经济一体化的新格局，凸显在国家"一带一路"开放格局中的地位，成为具有全球影响力的实施"一带一路"建设的重要交汇点、产业合作创新区、国际商贸物流中心。前者强调了经济增长，后者强调了互联互通互利合作。

（6）保障措施不同。江苏省沿海开发战略提出了深化体制改革、扩大开放合作、加强资金等政策支持、做好组织实施；"一带一路"建设也在亚投行筹建、丝路基金发起、银行卡跨境清算和跨境支付业务，推进投资贸易便利化和区域通关一体化改革、人文交流等方面给予了一些政策和资金支持。但是后者更多是国际性的。

（7）适用范围不同。江苏省沿海开发战略只适用于江苏省沿海，而"一带一路"建设适用于全国乃至所有"一带一路"沿线国家和地区，江苏省"一带一路"规划也应立足于全国和"一带一路"沿线国家。

第二，"一带一路"建设与江苏省沿海开发战略在以下方面存在联系。

（1）项目上重合叠加：仍以连云港为例。2009年江苏省沿海开发战略连云港设定的项目包括：推进连云港港30万吨级深水航道建设，尽快启动徐圩、赣榆港区进港航道建设，积极推进灌河口航道整治工程，经过6年发展，上述任务完成，2015年编订的《江苏省沿海开发十三五规划》要求加快建设30万吨级航道二期工程，续建并建成连盐铁路等项目，进一步完善至中亚、欧洲的集装箱中欧班列运营，财政对连云港港航线、"连新亚"等国际货运班列实施补贴政策，重点实施连云港国家东中西区域合作示范区、中哈（连云港）物流合作基地和上合组织（连云港）国际物流园、"一带一路"连云港农业国际合作示范区建设。2015年江苏对接"一带一路"建设实施方案中，连云港设定的重点项目包括：开建30万吨级航道二期工程；加快连盐铁路徐圩、赣榆港区支线建设；开行连新亚、连新欧班列；开建中哈物流基地二期工程；推进上合组织国际物流园及连云港国际农业示范区建设。不少项目是重叠的，可以实现政策的叠加效应。2015年出台的江苏省"一带一路"对接规划即使与2009年的《江苏省沿海地区发展规划》相比，前者的不少项目也是在后者基础上的续建。由于江苏省沿海港口是"一带一路"的交汇点，所以江苏省沿海建设也是江苏对接"一带一路"建设的重点。江苏对接"一带一路"的实施方案就指出，"要将目前经济相对欠发达的沿海地区作为江苏实施'一带一路'建设的重点区域。"江苏省沿海地区发展好了，那么"一带一路"交汇点的建设效果就好了。

（2）定位有交叉。江苏省沿海开发战略指出建设我国重要的综合交通枢纽，沿海新型的工业基地，重要的土地后备资源开发区，生态环境优美、人民生活富足的宜居区，成为我国东部地区重要的经济增长极和辐射带动能力强的新亚欧大陆桥东方桥头堡。2015年江苏省沿海开发"十三五"规划提出的定位是打造"一带一路"建设先行基地、江海联动发展基地、开放合作门户基地；江苏省对接"一带一路"建设的目标是"'一带一路'建设及辐射带动沿线地区发展的重要开放门户、新亚欧大陆桥经济走廊重要组成部分、'一带一路'综合交通枢纽和国际商贸物流中心、'一带一路'产业合作创新区、'一带一路'人文交流深度融合区"。江苏省沿海开发"十三五"规划提到了"一带一路"建设开放门户,江苏对接"一带一路"实施方案提到了重点发展江苏省沿海,都提到了"新亚欧大陆桥""综合交通枢纽""开放门户"。

(3)空间布局或区位上重合。"一带一路"建设规划的经济走廊和通道都提到了新亚欧大陆桥,这是最明确的一条通道和经济走廊,新亚欧大陆桥的江苏段就是东陇海线,海上丝绸之路在江苏的一部分就是江苏省沿海三个港口城市,南通还可以通过蓉沪线和长江水道联通"蓉新欧""渝新欧"铁路,所以,江苏称为"一带一路"交汇点。连云港既是新亚欧大陆桥东端起点,又是江苏省沿海开发龙头,所以空间上重叠。

(4)目标有交叉。两个建设目标都突出了交通建设、产业合作、对外开放、建设"辐射带动能力强的'新亚欧大陆桥东方桥头堡'"和生态环境。

(5)园区重合。以连云港为例,东中西区域合作示范区、中哈物流园、上合组织物流基地等既是江苏省沿海开发的载体和平台,也是江苏对接"一带一路"建设的平台。

(6)建设内容类似。二者都包括重大交通基础设施建设、产业合作、平台建设、生态环境建设等相关内容。

4.从江苏省沿海"一带一路"建设基础上来看

江苏省沿海融入"一带一路"建设有前期基础,从整个江苏省来看,"在'一带一路'建设中,江苏起步早、覆盖面广、投资额大、'走出去'的人数多。截至2016年年末,江苏共有1 067家企业参与'一带一路'沿线投资,覆盖54个沿线国家,投资项目513个,贸易总额1 097.5亿美元。'苏满欧''连新欧''连新亚''宁新亚''徐新亚'等8条国际货运班列,每天都有专列发出,承担起全国90%以上的新亚欧大陆桥过境运输业务,构建了江苏与'一带一路'沿线国家的货运大通道。"其中，连云港在2016年日均开行过境班列1.3列，共完成4.69万标箱，位居沿海港口首位，成为"一带一路"建设的重要节点港口，已建成中哈物流基地、上合组织（连云港）国际物流园、"霍尔果斯–东门"经济特区、东中西合作示范区等平台和载体。前三个载体是中哈两国元首共同发起成立的，东中西合作示范区既是江苏省沿海开发的重要平台，也是"一带一路"建设的重要载体，这些载体和通道促进了连云港对"一带一路"沿线国家贸易的提升。2017年上半年连云港市对"一带一路"沿线国家完成出口6.6亿美元，同比增长5.0%，其中化工产品出口占据主导地位；进口4.8亿美元，同比增长39.8%，连云港市与"一带一线"沿线国家进口额、进口增幅均位居苏北第一。在对外投资方面，连云港中复连众坦桑尼亚连续管生产线投产，连云港港口、天明机械、新海发电也纷纷走进中亚市场。在人文交流方面，连云港的中亚留学生人数逐年上升，举办了"新丝路·万里情西游记文化节"，丝绸之路经济带合作论坛，连博会等活动。2015年，连云港市顺利加入"海上丝绸之路"申遗团队。南通作为"一带一路"与长江经济带的交汇点、21世纪海上丝绸之路的重要支点，积极融入"一带一路"建设，取得了丰硕的合作成果。近年来，南通三建、中信建设等领军企业，带领数万建筑工人，在俄罗斯、蒙古、韩国以及东南亚、中东、非洲等地区的国家建筑工程上接连创造佳绩。南通中天科技已与"一带一路"沿线65个国家中的59个国家开展合作，覆盖率为92.19%，2016年市场销售额为2.79亿美元，有力地促进了该公司的发展壮大。双马化工在印度尼西亚投资项目年收入就达12亿元，年带动出口近2亿元，占到集团总收入的近1/4，而这一比例还在不断刷新。南通农业出口有力地带动了农业产业结构的优化升级，江苏如皋市双马化工有限公司投资运营的印度尼西亚加里曼丹岛农工贸经济合作区已入住10余家企业，带动国内种植业、养殖业、木材加工业、榨油业等企业配套"走出去"。南通洋口港截至2017年6月，累计运输到港天然液化气$3\,064.25 \times 10^4\ m^3$，有力地保障了江苏以及整个华东和华北地区的安全平稳供气。在盐城，截至2017年5月底，"一带一路"项目合作已增至19个国家和地区。在一年多新批的34个境外投资项目中，有20个在"一带一路"沿线国家和地区，中方协议总投资达4.8亿美元，项目投资数占比60%，投资额占比65%。同时，"一带一路"沿线有30多个国家来盐城投资，项目数超1 700个，盐城成为全国中韩产业园三个地方合作城市之一，获批韩国产业转移集聚和服务示范区。2015年江苏省沿海地区对"一带一路"沿线国家和地区投资增长42.5%。

以连云港市徐圩新区为例，徐圩新区既是江苏省沿海开发的载体，也是连云港实施"一带一路"建设的载体。近年来，为落实国家"一带一路"建设，徐圩新区启动实施了"丝路产业合作园"项目，目前已完成项目预可研，并赴哈萨克斯坦、土库曼斯坦和吉尔吉斯斯坦等中亚国家对接项目合作，研究提出的与吉尔吉斯斯坦合作建设"中吉产业合作园"项目，已经完成预可研编制，并拟定了项目推进计划；与土库曼斯坦合作建设的"中土商品展销基地""钢管防腐处理"等项目，已提交土库曼斯坦贸易与对外经济联络部等有关部门审议；此外，针对哈萨克斯坦、塔吉克斯坦、乌兹别克斯坦等国家需求，分别研究提出"中哈铜制品生产加工基地""中塔铝制品产业基地""中乌商品展贸基地"项目建议，正在积极开展。

四、江苏省沿海开发战略融入"一带一路"建设路径研究

党中央提出"一带一路"建设以来，江苏省抢抓机遇，迅速行动，先后出台了《江苏省参与建设丝绸之路经济带和21世纪海上丝绸之路的实施方案》《落实"一带一路"建设部署、建设沿东陇海线经济带的若干意见》《关于抢抓"一带一路"建设机遇进一步做好境外投资工作的意见》，并在"一带一路"建设思想和原《江苏省沿海地区发展规划》指导下，出台了新的《江苏省沿海开发"十三五"规划》《江苏省"十三五"海洋经济发展规划》，但是各战略规划之间相互并不协调，需要在"一带一路"建设统领之下，使江苏省沿海发展战略规划融入"一带一路"建设，在服务"一带一路"中求合作，在合作中求发展，形成广泛的经济合作网络。

（一）发展理念融入

经济学的基本前提是经济人假设，但这是不完全的。苏格兰启蒙思想家大卫·休谟（David Hume，1711—1776）说："尽管人是由利益支配的，但利益本身以及人的所有事物，都是由观念支配的。"这里的观念就是理念。奥地利学派的代表人物路德维希·冯·米塞斯（Ludwig von Mises，1881—1973）也说："人所做的一切是支配其头脑的理论、学术、信条和心态之结果。在人类历史上，除开心智之外，没有一物是真实的或实质性的。"人的行动归根结底是受理念支配的，特定的理念支配特定的行动。我国是由政府主导制定宏观经济政策的，经济政策受制于政府领导或领导集团起支配作用的理念。

"一带一路"与其说是经济"一带一路"，不如说首先是文化"一带一路"、理念"一带一路"。"一带一路"倡议包含、贯穿着互联互通、合作共赢、开放包容、共商共建共享、共同体理念乃至予与取、义与利的辩证理念，是一种大同思维、全局思维、融通思维、和合思维、共赢思维、辩证思维。江苏省沿海开发战略融入"一带一路"建设，首先应在理念上融入，领导层和执行层应秉持互联互通等理念，按照各自的资源禀赋，分工合作，打破行政区划藩篱，融合联通，国家、省、市、县、乡、村等上下、纵横之间应树立融合联通思想，分工合作、双赢共赢，不能搞大而全、小而全，实现"三共""三同""五通""四路"，打破贸易保护、行政藩篱，实现贸易投资便利化。尤其是在苏北落后的连云港、盐城等地，要通过文化宣传和积极的立法，打破政产教学研界限，打破官民界限，提高政府的服务意识，加大教育投资，加强民主、自由、平等等社会主义核心价值观教育。

（二）发展空间融入

按照生产力布局理论，某些因素（如资源指向、市场指向、交通指向等）会对生产成本产生一定的影响，在进行一定的成本–收益分析后，生产要素和企业会按照成本最低的原则进行分配和选址。各种投资活动及要素的分配应优先投入具有较好发展环境和比较优势的区域，这样不仅能够尽快地取得相应的经济效益，而且也能快速地发挥其对周围区域的辐射和带动作用。

以系统化思维打通生产力空间布局，进一步消除行政藩篱和人为区域分割。江苏省沿海地区处于新亚欧大陆桥经济带、长江经济带、海上丝绸之路（东北亚、东南亚方向等）交汇点上，地理区位优势非常明显，要想实现政策叠加、资源聚集效应，江苏省沿海开发的要素应主动沿"两带一路"方向布局、延伸，主动在此方向上实施政策沟通、民心相通、设施联通、贸易畅通、资金融通相关硬件和软件建设，借助"一带一路"、江苏省沿海开发、长江经济带建设、江淮生态经济区、扬子江经济带等政策优惠以及周边省市的"一带一路"对接政策，降低江苏省沿海地区的投资、贸易成本，既要聚集生产力要素，又要沿此方向辐射生产力要素。沿海地区应该整合内部资源、要素，错位竞争、融合发展、形成整体优势，与长江经济带、淮河经济带、东陇海线经济带对接并相互支撑，以连云港为支点通过港口、航线融入海上丝绸之路，通过新亚欧大陆桥融入陆上丝绸之路，以南通为支点融入"长三角"、长江经济带与海上丝绸之路，为江苏省沿海开发增加新的动能。盐城通过徐宿淮盐铁路融入新亚欧大陆桥，通过沿海高铁与连云港、南通、青岛、上海连接融入"一带一路"，以大丰港等港口融入上海港、连云港港等融入海上丝绸之路经济带，进一步的发展应着眼于沿海小城镇，实现江苏省沿海经济串型一体化，发展江淮生态经济区，与安徽等中原经济腹地联通，促进一体化和协调化发展。

尤其是连云港，国家"一带一路"建设规划明确将连云港确定为新亚欧大陆桥经济走廊节点城市，连云港成为"一带一路"交汇点，被国家赋予了门户功能，具备了东西双向、海陆转换枢纽作用。将江苏省"一带一路"建设融合由连云港节点城市向沿海地区、沿东陇海线区域融合，其目的是通过与既有战略融合，将所有战略落脚点、着力点放在苏中、苏北等欠发达区域，形成江苏经济新的增长极。

（三）组织机制融入

根据吴价宝（2016）的研究，应调整原沿海地区发展领导小组的隶属和职能，将其与"一带一路"工作领导小组融合，重新组成"一带一路"建设融合发展工作领导小组，该小组隶属于省政府，直接归口省政府领导，统领"一带一路"交汇点建设和江苏省沿海开发建设。同时，在各相关地级市成立各市的"一带一路"建设融合发展工作领导小组，制定并落实连云港市涉及"一带一路"发展的经济、政策、制度、产业、文化、人才、旅游等所有方面的工作。各级领导小组下面再分设规划、政策、产业、信息等协调小组，协调各地区战略定位、政策衔接、产业转移、信息交流等工作。同时，建议依托该领导小组，加强与丝路沿线省市之间的对外合作交流，建立起省际间的联席会议机制，以减少省际间博弈产生的非理性化选择，从而更好地实现"一带一路"交汇点建设和沿海开发的战略目标。基于"一带一路"建设与江苏省沿海开发战略融合的必要性和可行性分析，本研究认为，应站在国家"一带一路"建设全局高度，以面向未来、面向世界的视野，基于融合理念，全面对接国家"一带一路"倡议构想，重构江苏省"一带一路"建设领导小组，进一步提升江苏省"一带一路"工作领导小组级别，由省委书记担任第一组长，省长担任组长，省委常委担任副组长，下面分设扬子江、沿海、江淮、淮海四大经济区（带）分组，沿海发展战略领导小组融入该小组，在"一带一路"建设布局下，统筹规划四大经济区，并加强与中央和其他省份的协调和融合；各大经济区（带）分组在省委"一带一路"工作领导小组统一领导下开展工作，并统筹所属市县相关战略执行小组；市县设置"一带一路"建设领导小组，由市委书记担任组长，在省委"一带一路"建设领导小组领导下，协调和督促所属部门的工作。

（四）建设内容融入

在江苏省"一带一路"建设统筹江苏省沿海开发战略基础上，江苏省沿海地区各市首先应打破政策标准、交通通信设施、金融、贸易投资、民间交流方面的行政藩篱，实现沿海开发区域内部的整合和联通。进一步通过贸易、投资等请进来、走出去、双向开发方式打通与"一带一路"沿线国家的政策、设施、贸易、资金和民心的互联互通，实现资源与要素在"一带一路"沿线和沿海开发区域的自由流动和集聚，以"一带一路"倡议理念重新梳理"一带一路"建设与江苏省沿海开发战略的相关项目，丰富"五通"建设内容，进行规划对接和整合。

1. 政策融入

"一带一路"建设和江苏省沿海开发战略作为政府推动实施的政策，是江苏省沿海开发和互联互通建设的战略地图和时间表，对于政策实施具有重要的指导作用，但是目前"一带一路"建设与江苏省沿海开发战略之间并不协调，"一带一路"建设是更为宏大、更为彻底地解决沿海发展问题的大思维，应进一步凝练国家"一带一路"倡议理念，应基于习近平新时代中国特色社会主义思想、国家"一带一路"和系统化思维重新修编江苏省沿海开发规划和江苏省"一带一路"交汇点建设规划，或者把现有江苏省沿海开发战略作为江苏省"一带一路"交汇点建设乃至实现国家"一带一路"建设规划的初级阶段，在"一带一路"建设下，对江苏省沿海开发进行更宽、更高、更清晰的定位。并以新的江苏省沿海开发规划、江苏省"一带一路"交汇点建设规划，对沿海各市的相关开发规划进行审视、整合、梳理，以便在基础设施建设、投资、贸易等方面分工合作，消除省内藩篱、统一对外、形成合力。

省市各职能部门也应该根据"一带一路"建设指导下的各种国家、省、市的统一规划制定本部门的相关专业规划。促进"一带一路"交汇点建设工作领导小组会议和建设交流会的常态化，定期组织有关各市开展"一带一路"交汇点建设方面的专家论坛，组建"一带一路"交汇点建设的高层专家咨询委员会，群策群力，为"一带一路"交汇点建设提供智力信息支撑。政府应通过发布信息、预警等方式为走出去的企业提供政策服务，同时出台政策，健全完善并促进法律、金融、会计等中介机构走出去，服务"一带一路"，对于引进来的外资企业也应该加强政府的跟踪服务、中介机构的配套服务，实现国内与国外政策对接。省内打破政府对市场的过分干预，实行负面清单制度，提供更好的平台和设施，创造优良的营商环境和双创环境。要积极地推进企业海外投资监管模式创新，特别是涉及国有企业的海外投资管理体制机制"放"与"管"的探索。作为江苏省"一带一路"交汇点建设核心区和先导区以及江苏省沿海开发的龙头，连云港应积极对接相关政策，着眼于打破行政壁垒，打破官本位的体制障碍，构建亲商环境和平台，要有世界眼光，利用各种机会参与国际合作，要与已签署"一带一路"合作意向的国家和地区主动对接。

2. 设施融入

交通通信等基础设施可以加快产品、资源、资本、资产、劳动力、信息等的流动，降低交易成本。应把江苏省沿海交通的基础设施建设放在"一带一路"大局中布局谋划，整合原有项目，通过重大基础设施，积极打造"丝绸之路经济带"入海交汇枢纽，完善"一带一路"交汇点建设，加速江苏省沿海全面融入"一带一路"建设规划，构建海陆空河等多种运输方式结合的立体综合交通网络体系。充分利用并集约经营现有跨国通道，加快高铁、港口等基础设施建设，修订原有的不适当的高铁建设规划，整合江苏省沿海港口资源，形成合力，降低内部交易成本，重新规划设置航线。

江苏省沿海地区迄今仍然是交通洼地，目前高铁建设是短板，应从"一带一路"建设乃至世界经济发展高度定位江苏省沿海地区及其周边地区的高铁建设，在构建与"一带一路"沿线国家的海陆空多种方式互联互通的综合交通体系上取得新进展。应加快推进徐连客专、青连铁路、连盐铁路、沪通、连淮扬镇、徐宿淮盐铁路建设，尤其是陇海兰新铁路的高铁化将大大节约中国东西货物运输时间。推进海安至启东高速公路、中哈物流基地二期项目和连云港港30万吨级航道二期工程及码头建设，增辟航线，加快新机场建设，整合沿海港口，分清主线和支线，战略性和区域性，江苏加快推进连云港港与盐城港联动进程以及南通国际陆港整合，形成江海联运、海陆联运新格局，发挥江苏省"一带一路"建设通道港口经济作用，合理引导省内产业转移与转型升级并轨，域内外资本向"L"型集中。积极构建信息基础设施、信息产业集聚、信息网络安全等信息化支撑体系，积极搭建区域物流信息服务平台，利用现有的电子通关、检验检疫、铁路运输、港口作业等信息资源优势。

港口是沿海发展的重要资源，也是"一带一路"交汇点建设的重要资源，蒋宏坤（2015）认为，应"明确各港口的地位、作用、主要功能、发展规模和布局等，促进沿海港口更好地分工协作、合理布局和错位发展。""依托政策优势重点建设连云港港，推动'一带一路'建设，建设现代化临港产业基地。依托土地资源优势重点建设盐城港，推动中部沿海开发，打造江苏省沿海现代产业集聚区。依托区位地理优势重点建设南通港，推进江海联动，主动承接上海港产业转移，拉动能源资源综合应用项目集聚发展。""要以连云港区和徐圩港区为重中之重，集中财力物力推进连云港港区域性国际枢纽港建设，畅通陆海联运通道，打造'一带一路'国际物流合作平台，建设现代化临港产业基地，发挥连云港新亚欧大陆桥经济走廊东方起点的先导和支撑作用。"

总体建议：关于对外基础设施投资，应进一步从政策上增加对南通对外基础设施投资支持力度，连云港应该在交通基础设施建设方面获得更大的支持，同时在港口、产业、城市以及与苏北、苏中的融合发展方面，应充分考虑区域经济和资源禀赋，分析自身在"一带一路"建设中的位置并在服务"一带一路"建设中获得自身的发展。作为"一带一路"交汇点核心区和先导区，连云港应尽快实现公路1小时覆盖市域所有县区，铁路2小时通达"长三角"和渤海湾主要城市，航空3小时覆盖北上广等国内城市。要通过陇海铁路增建二线、连徐高铁建设，充分释放陇海铁路运输，满足国家中西部和中亚出海运输需求。建成一批铁路支线、专用线，打通铁路延伸港区、园区"最后一公里"。

3. 贸易融入

沿海地区在江苏乃至全国是一条线，但是放在全世界，那就是一个点，沿海地区应该协同构建新亚欧大陆桥东"桥头堡"，形成桥头堡集群，共推"大口岸"，实施检验检疫区域一体化，共同打造"一带一路"交汇点。首先要加快融入新亚欧大陆桥经济走廊，被誉为现代丝绸之路的新亚欧大陆桥是一条辐射40多个国家和地区的新兴国际经济大走廊，江苏省沿海三市应依托上海合作组织争取"中哈自由贸易试验区"先行先试平台，加强与中亚五国全方位的经贸合作，继续推动连云港设立自由贸易港区，在港区设立"中国与中亚物流园区"。其次，江苏省沿海要争取加紧复制上海自由贸易区经验。江苏省沿海是国家"一带一路"建设海陆交汇点，是一个重要的战略节点，距离上海很近，江苏省沿海要联合起来，打造沿海经济一体化，共同为复制上海自由贸易区经验作出贡献，在更大范围内、更深程度上实现贸易投资便利化。

在此基础上，江苏省沿海地区应放眼"一带一路"，服务"一带一路"，在多向开放中找准自己的位置，以此为依据布局、谋划自己的产业，"引进来"与"走出去"相结合，联通市内与市外、省内与省外、国内（包括中西部）与国际两个市场，利用信息和通道在更大范围内引导优质产品、资源、要素、产业、信息合理流动，西进东出、东进西出相结合。省内应进一步深化行政审批制度改革，杜绝乱收费、乱罚款现象，对外商应加强政策法规解释和培训，管住政府乱作为的手。沿海地区经济仍然相对落后，其中一个重要原因就是产业规模小，因此，在"一带一路"沿线国家和地区配置产能和资源，重点抓产业招引，继续面向发达国家和地区加大招商引资力度，按照资源禀赋配置产业，同时"腾笼换鸟"，产能转移，把自身发展与承担国家以及国际责任结合起来，在服务"一带一路"建设中发展壮大自己，在建设利益共享的全球价值链中找准定位，连云港应积极构建东北亚西向拓展和中亚地区东向出海的加工生产、商贸物流基地，积极打造"丝绸之路经济带"产业合作聚集区，加大与日本、韩国、中亚等国家和地区的产业合作，建成进出口资源加工基地、出口产品生产基地和重化工配套基地，目前重点抓大型沿海石化产业，加快贸易自由港先期建设，尤其是连云港还应该在面向欧美发达国家招商引资和对外贸易中倒逼改革，进一步提升政府服务意识，提高行政效率，加强党风廉政建设。

4. 金融融入

一切建设都需要资金，资金的集散可以实现资源的优化配置，金融不仅可以为"一带一路"基础设施建设、贸易和投资提供资金支持，而且可以运用金融杠杆和风险管理职能分散风险。江苏省沿海地区发展融入"一带一路"，加强交汇点建设，当然需要大量资金。目前，已经成立了江苏"一带一路"投资基金（2015年，首期规模30亿元，主要投向江苏走出去的项目）、江苏省沿海产业投资基金（2015

年，首期规模50亿元，重点投资于临海产业、战略性新兴产业、并购项目和国企改革项目）、"一带一路"（江苏省沿海）投资发展基金（2016年，总规模1 000亿元，主要投向江苏省沿海地区的重点基础设施、沿海传统产业转型升级以及新兴产业创业），2016年新增城市建设投资基金、外向型经济发展投资基金等，还将推进总规模100亿元的"一带一路"（江苏省沿海）系列集合债券发行工作，第一期规模为26亿元的南通新型城镇化建设集合债券已获国家发展改革委批准发行。2016年12月2日，江苏南通沿海新兴产业投资基金正式创立。可以看出，江苏省沿海融入"一带一路"的投融资平台主要是"一带一路"（江苏省沿海）投资发展基金及其系列基金工具，但是，该投融资平台主要用于国内项目，缺少"走出去"的资金支持。沿海地区的产能里，有"一带一路"沿线地区需要的产能合作项目，更何况在江苏省沿海地区已经有不少企业走了出去，随着"一带一路"各项建设规模的扩大，相关资金需求和风险治理需求需要金融机构给予一定支持，在国家政策允许范围内，增设新的投融资平台，允许民营金融机构进入江苏省沿海开发和"一带一路"融投资领域，增加对走出去企业的资金支持力度，在国家政策允许范围内，到"一带一路"沿线国家开设面向江苏省企业的融投资机构；除了省内的金融机构以外，也应该争取其他省份、国家和国际层面金融机构的支持，积极对接相关省市、国家、亚投行等金融机构和金融政策，加强国际、国内、省内、市内金融机构的交流与合作，实现金融网络化，促进"一带一路"沿线国家乃至全球范围内资金的集散和合理配置，相关规划应在更高站位上支持连云港市的发展，加大对连云港市财政转移支付和信贷资金扶持力度。

加强金融组织的治理机构建设，实现金融机构尤其是对外金融机构的廉洁高效运转，同时又要实现金融机构利益相关方的关切，实现投融资各方的利益；以国际会计准则为基础，加强财务会计准则的协调和统一，加强审计准则的协调和统一，通过把好贷款放款关促进企业会计的规范化、协调化和统一化，真正促进和实现财务会计信息对资金资源融通的正确引领作用，实现资金和资源的优化配置；沿线、沿途高校尤其是连云港或江苏省沿海三市高校应该加大对中亚、日韩财务、会计、金融、法律的学术研究，加快相关专业人才的培养，促进国内外会计、法律等中介机构的融合与交流，为"一带一路"建设保驾护航。

5. 人文交流融入

一切设施的建设，要素、信息的流动都是人通过自己的行为驱动的，人是决定一切相通的根本，人也是经济社会生态环境发展的目的。按照文化经济学的观点，文化通过"价值观"影响人们的"节约的意愿""冒险精神"和"工作态度"，从而影响人们的生产、投资和消费行为，道德可以影响人们的合作，影响人们的签约和履约行为，文化可以影响体制的形成，共同的文化增强互信、通过良性互动构成社会资本，文化本身也是一种资本。文化艺术活动是人的一种精神活动，文化艺术产品可以传递信息、思想和价值观，促进统一价值观的形成和民族文化交流融合；文化艺术产品具有审美价值，是人们购买和消费的对象；文化产品的外部性可以带来其他产品的生产和销售。人文交流不仅可以降低交易成本，而且可以直接创造价值。

"一带一路""五通"的基础是民心相通，人文交流就是"通心工程"，人文交流是人的交流、文化的交流及其综合，人的本质是社会性，所以人文交流本质上是文化的交流。"一带一路"沿线国家应该秉持互学互鉴的精神，构建共同的文化认同，才能形成共同的体制和价值观，增进贸易畅通的愿望和动力，减少摩擦，中国也只有激发国际社会分享中国文化与价值的冲动，讲好中国故事，才会带来投资与繁荣的贸易。沿海地区要加强并推进与"一带一路"沿线国家和地区的人文交流。连云港应加强与中亚、南亚各国在《西游记》文化、佛教文化方面的人文交流，与日本继续加强徐福文化交流，与韩国加强张保皋和新罗、百济及高丽文化交流，尤其要把《西游记》文化做大做强，做成喜闻乐见的形式，推向全世界，拉长《西游记》文化产业链，同时通过孙悟空不畏艰险、矢志不移、百折不挠形象的宣传激励人们西行的力量，加快国家历史文化名城的申报。盐城和南通应利用阿倍仲麻吕、圆仁和尚、鉴真等历史文化名人及其他遣唐使历史文化遗迹与日本等开展历史文化交流。人文交流也是双向的，江苏省沿海应该利用友好城市、旅游联盟等平台宣传推介"一带一路"沿线国家的风土人情，推送优质的教育和文化资源，促进优秀文艺作品传播，促进信息交流和自然人之间的交流，不断扩大、深化民心相通的范围和深度。在此过程中，应该加强民族文化自信心教育，同时也应该加强民族、宗教、文化之间平等的教育，尊重沿途各国的文化和风土人情。

"一带一路"各项建设归根结底要靠人来实现，人的积极性的调动需要靠教育的力量，靠激励措施，靠关系和谐、信息通畅、心气相通的社会环境。所以国内、省内、市内、区内也要实现人文相通和文化融通，认真学习和领会习近平新时代中国特色社会主义思想，坚持"五位一体""四个全面"的总体布局，尤其是全面深化改革、全面依法治国、全面从严治党，加强对党政官员的考核和问责，消除封建落后的官本位文化，提高服务意识，打破官民、城乡、阶层、地域歧视和分割，打破党政商学等界别之间的藩篱，实现充分的知识、信息、资本、人员流动。同时，加强文化自信，也不能盲目排外和自负，我国的发展模式和科学人文环境还不够现代化，还应积极向西方发达国家学习，推进教育、文化发展，在"一带一路"交汇点建设和人文教育交流背景下提升对教育的认识，按照文明互鉴原则，积极向西方发达国家学习，同时与欧美、日韩和中西亚国家加强高等教育交流与合作，学习借鉴先进的科学和教育制度、理念和知识。连云港是江苏省"一带一路"交汇点建设核心区和先导区，淮海工学院是连云港市唯一一所以海洋为特色的综合型、应用性大学，无论从江苏省海洋发展还是"一带一路"建设角度，都应该以淮海工学院为依托，就近整合相关教学和研究机构，早日建成"江苏海洋大学"，而且还应该提高认识和举措，在"一带一路"建设与江苏省沿海开发战略融合的规划中写入以"一带一路"交汇点和加快江苏省沿海开发建设视角、在更高站位上从硬件到软件积极推进"江苏海洋大学"建设步伐，整合江苏尤其是苏北地区现有海洋教学研究机构，在连云港连云新城建设新校区。淮海工学院也应该抢抓机遇，利用区位和国家及江苏省"一带一路"建设、海洋开发政策优势以及难得的战略机遇期，加快改革开放发展步伐，向上对接，横向交流，快速集聚人才、信息、知识资源和要素，在加强海洋学科建设基础上，同时加强医药类、工程机械类、日韩俄语类、会计、金融、法律类学科建设和人才培养，提升国际商务类人才培养质量和层次，促进淮海工学院商学院学科建设和人才培养方向转型，随着江苏省和连云港市"一带一路"交汇点的建成，在江苏海洋大学建成之际，将淮海工学院商学院建成"江苏海洋大学国际商学院"以凸显其特色，将"江苏海洋大学"建成日韩与中西亚东西文明交流互鉴的交汇点和服务该区域的制高点。通过合并促进大学更名方式，支持连云港、盐城、南通等地高校的发展，促使江苏省沿海等地高等教育的发展更好地为"一带一路"建设培养人才、提供知识和思想、提供相关专业化服务，尤其是加快培养会计、法律、金融等方面急需的专业化人才，吸引人才，培育中西亚和日韩研究学科，通过教育的发展增进人们的知识素养，创造积极向上、努力拼搏的局面，通过教育发展促进沿海地区实现人文融合，促进江苏省沿海地区与"一带一路"沿线国家的教育交流与合作，真正建立起国际性城市。要积极进行智库建设，加强对"一带一路"沿线及相关国家的研究，并积极推动智库组织与"一带一路"沿线及相关国家的沟通与交流。

综上所述，"一带一路"倡议的各种理念和措施具有统领性，是新时期引领中国、江苏和江苏省沿海发展的总的指导思想，江苏省沿海发展乃至江苏发展要以国家"一带一路"倡议的"五通""四路""三共""三同"为引领，"用系统化思维推动发展"，加强顶层设计，深刻分析江苏省沿海发展面临的复杂问题，探索规律，抓住主要矛盾，从理念、空间、机制、政策、设施、贸易、金融、科技、教育、人文等方面综合施策，抓住重点，综合平衡，统筹协调，循序渐进，逐步融入，"促进生产关系与生产力、上层建筑与经济基础相协调，速度与结构质量效益相统一，经济增长与人口资源环境相和谐。"

江苏省海洋经济供给侧结构性改革研究

——基于海洋人才要素视角

一、引言

当前，中国经济正处于结构调整的阵痛期。作为国民经济的重要组成部分，海洋经济也率先进入发展新常态。如何进一步增大其对国民经济的贡献度，海洋经济的持续发力显得尤为重要。在加大供给侧结构性改革的背景下，加强陆海统筹，提高海洋人才、制度创造、技术创新等海洋科技要素的生产率，扩大海洋经济有效供给，协调处理好供需关系，对推进海洋经济供给侧结构性改革、提升海洋经济发展质量、促进海洋经济发展都有重要意义。

党的十八大做出了"提高海洋资源开发能力，发展海洋经济，保护海洋生态环境，坚决维护国家海洋权益，建设海洋强国"的重大战略部署。海洋强国成为中国梦的重要内容，加快培养海洋人才则是强海圆梦的必由之路。在江苏提出建设海上苏东、发展海洋经济的背景下，海洋人才的培养已经成为江苏海洋经济供给侧结构性改革的关键要素。但是长期以来，作为沿海地区的大省，江苏省海洋人才以及高层次海洋人才的培养现状不容乐观，主要存在高层重视程度不够，培养主体不明确，培养机制不健全，保障措施不完善等问题。因此，研究江苏省海洋人才与高层次海洋人才培养机制，探索出一条适合江苏省省情的培养创新型海洋人才路径，不仅能够提升江苏省发展海洋经济的自主创新能力，还能通过创新型高层次海洋人才的科技创新来提升海洋基础科学和前沿技术研究的综合实力。

二、江苏省海洋人才发展现状

（一）基本情况

1.海洋人才的数量

我国现已初步形成一支规模庞大、涉及领域广、层次结构分明的海洋人才队伍。据统计，2010年我国海洋人才资源总量已经达到201.1万人，约占全国人才总资源量的2%。《全国海洋人才发展中长期规划纲要（2010—2020年）》提出，力争用10年左右的时间使海洋人才资源总量翻一番，到2020年达到400万人。2015年我国海洋经济总量占国内生产总值（GDP）的10%，2020年将达到12.4%。各类海洋人才的需求亦将不断增长，2015年为300万人，预计2020年将超过400万人。2015年江苏省海洋GDP为6 406亿元，占全省GDP的比重为9.1%。"十二五"期间，江苏省海洋GDP年均增长12.5%，高于全国海洋GDP年均增长的8.1%，且远高于同期全省GDP增长9.6%的发展速度，对区域经济发展贡献率明显提高。但是，江苏省海洋GDP仍然落后于广东、山东等沿海省份，这与江苏经济强省的地位很不相称。2015年广东省海洋GDP为15 200亿元，占地区GDP的比重为20.9%；山东省海洋GDP为11 000亿元，占地区GDP的比重为17.5%。江苏省落后的原因之一，就是海洋人才的匮乏，随着《江苏省沿海地区发展规划》上升为国家战略并不断实施，预示着江苏省海洋人才需求更加告急。

2. 海洋人才的结构

海洋教育是培养海洋人才的重要途径，我国目前海洋高等教育发展中，普遍存在重视海洋自然科学与工程科学，忽视海洋人文社会科学的现象。海洋经济、海洋管理、海洋法律与社会、海洋历史与文化等人文社科类专业学科建设明显处于弱势地位，未能与我国海洋经济发展需求有效衔接。这种海洋高等教育学科专业结构不均衡，势必带来海洋人才专业结构协同性不足。从江苏海洋教育资源看，南京大学、河海大学、南京师范大学、南京农业大学、江苏科技大学等高校均有一定的涉海学科和专业，在海洋人才培养层次上虽有所差异，但江苏涉海高校的涉海学科难以形成规模优势，体现不出海洋教育鲜明的交叉性特征。

3. 海洋人才的培养

目前，我国内地开展海洋教育的高等院校有将近200所，其中直接以海洋命名的综合性院校有5所（中国海洋大学、上海海洋大学、浙江海洋学院、广东海洋大学、大连海洋大学），共设有博士点131个，硕士点327个，本科专业点211个，专科专业点464个。江苏有涉海科研机构10个、本科高校5所、高职院校2所，虽然南京大学、河海大学、南京师范大学、南京农业大学、江苏科技大学、淮海工学院等高校均有一定的涉海学科和专业，但将涉海学科和专业作为重点学科来建设的主要有江苏科技大学、淮海工学院两所本科院校。高职教育层面上，南通航运职业技术学院、南京江海职业技术学院两所高职院校，也涉及海洋开发、交通、渔业、旅游、环保等多个涉海领域。

（二）主要特点或特征

1. 海洋人才总量严重不足

据《中国海洋统计年鉴（2011）》数据显示，2010年全国涉海高校在校学生近17万人（包括研究生、本科与专科生在校学生数），而当年海洋人才总量为201.1万人，其中本科以上学历占海洋产业就业人员的比例仅为14.2%。见表1-8。

表1-8 2010年我国海洋人才状况

指标	2010年
海洋人才资源总量	201.1万人
海洋专业技术人才	137.3万人
海洋技能人才	58.7万人
海洋管理人才	5.1万人
海洋人才占海洋产业就业人员的比例	20.3%
本科以上学历占海洋产业就业人员的比例	14.2%

资料来源：《全国海洋人才发展中长期规划纲要（2010—2020年）》。

2011年10月，国家海洋局、教育部、科技部等部门联合印发的《全国海洋人才发展中长期规划纲要（2010—2020年）》指出，到2020年，我国海洋人才总量将达到400万人，且布局更为合理、结构更加优化、素质更为优良。见表1-9。

表1-9　2020年我国各类海洋人才需求量

指标	2020年
海洋人才资源总量	400万人
海洋专业技术人才	314万人
海洋技能人才	79万人
海洋管理人才	7万人
海洋人才占海洋产业就业人员的比例	35%
本科以上学历占海洋产业就业人员的比例	30%

资料来源：《全国海洋人才发展中长期规划纲要（2010—2020年）》。

由此可见，我国海洋高等教育人才培养能力与海洋强国建设对于人才资源的需求还有很大距离。我国海洋人才主要分布在青岛、广州、上海、厦门、北京、大连等大中城市，其中山东省的海洋专业技术和技能人员最多，分别占总量的18%和20%，江苏已经成为海洋人才的洼地。在全国海洋人才严重不足的情况下，江苏更是显得海洋人才奇缺。

2. 高层次海洋人才紧缺

2010年4月，党中央、国务院印发了《国家中长期人才发展规划纲要（2010—2020年）》，其中《经济重点领域急需紧缺专门人才开发一览表》中列出了未来5年和10年海洋高新技术研发和产业化人才、海洋基础学科领军人才和海洋环境保护人才、极地科研人才和大洋勘探人才的需求情况。见表1-10。

由表1-10可知，按照2015年、2020年急需高层次海洋人才分别为2.94万人、5.3万人，与同期海洋人才需求量300万人、400万人相比，分别占比0.98%与1.325%，可见，随着我国海洋战略的实施，对高层次海洋人才的需求量日益增多。江苏省早在20世纪90年代就提出"海上苏东"计划，出台了《江苏省沿海开发总体规划》。"海上苏东"战略的实施离不开高层次海洋人才的引领，因而，亟待引进、培养海洋领域的领军人才。

表1-10　2015年、2020年海洋急需紧缺专门人才开发一览表

急需紧缺专门人才类别	2015年	2020年
海洋高新技术研发和产业化人才	27 000人	45 000人
海洋基础学科领军人才和海洋环境保护人才	2 000人	7 000人
极地科研人才和大洋勘探人才	400人	1 000人

资料来源：《全国海洋人才发展中长期规划纲要（2010—2020年）》。

3. 海洋人才培养步伐不大

从统计数据上看，我国海洋高等教育发展空间分布极不平衡，江苏、山东、上海、辽宁等省（市）海洋高等教育发展比较迅速，而拥有广阔海域空间与海洋资源的河北、海南、广西等省（自治区）海洋高等教育发展严重落后。尽管江苏省已有以江苏科技大学、淮海工学院等高校为主力军的海洋高等教育平台，但与相邻的山东省、浙江省相比，江苏省的海洋人才培养步伐不大，江苏省在涉海专业学科分布、人才培养层次、人才数量等方面都存在明显差距。见表1-11。

表1-11　全国主要地区海洋高等教育发展情况对比

地区	博士		硕士		本科		专科	
	专业点数（个）	在校人数（人）	专业点数（个）	在校人数（人）	专业点数（个）	在校人数（人）	专业点数（个）	在校人数（人）
总计	131	3 660	327	9 999	211	61 325	464	101 041
北京	7	113	20	299	3	500	—	—
天津	4	5	8	116	12	3 425	13	4 533
河北	—	—	5	38	7	805	24	2 602

续表1-11

地区	博士		硕士		本科		专科	
	专业点数（个）	在校人数（人）	专业点数（个）	在校人数（人）	专业点数（个）	在校人数（人）	专业点数（个）	在校人数（人）
辽宁	5	312	21	1 095	20	8 333	31	9 120
上海	14	211	27	944	13	5 373	30	6 026
江苏	14	428	24	1 168	28	5 779	53	14 281
浙江	4	59	21	463	21	3 012	30	6 072
福建	6	121	19	572	10	4 657	28	5 435
山东	19	1 087	36	1 463	25	7 560	65	17 177
广东	16	262	30	835	14	3 751	31	5 902
广西	–	–	4	62	6	754	25	3 717
海南	–	–	3	79	2	507	9	1 339
其他	44	1 061	109	2 865	50	16 802	125	24 837

资料来源：《中国海洋统计年鉴（2013年）》。

三、江苏省海洋人才建设问题

近年来，江苏省海洋人才队伍建设成绩显著，但是与旁邻的浙江省相比、与江苏省的其他产业行业相比、与现阶段全国海洋工作的实际需要相比，江苏省的海洋人才队伍还存在许多问题，如高层次海洋人才短缺、海洋人才总量需求不足等，远不能满足当前及未来海洋事业发展的需要。

1. 海洋人才培养的重视度不够高

首先，海洋人才培养的指导思想不够明确。只是遵照现在的科学人才发展观，而没有特色的海洋人才发展观。山东、上海、浙江、福建、广东各沿海省（市）均建有专业性的海洋大学，经济大省中唯有江苏至今没有一所专业性海洋大学。其次，海洋人才培养投入资金不足。2013年江苏海洋科研研发经费支出6.5亿元，低于广东（11.2亿元）、山东（19.2亿元）。江苏作为沿海经济大省，投入到海洋科研经费与高层次海洋人才培养资金明显偏少，而且资金投入渠道单一，导致很多社会资本不能有效进入该领域。

2. 高层次海洋人才引进机制不完善

海洋人才特别是大批高层次海洋人才，在传统意义上的"干部管理"体制下，受到束缚，引进海外人才的机制不多，且不灵活，不能较多吸收国外发达国家的高层次海洋人才和先进海洋技术。一是"引进来"，过分看重学历，存在海洋人才引进门槛过高，往往要求博士，影响了海洋人才引进的数量增长；二是"走出去"，交流不到位。海洋人才的交流不多，没有形成固定的人才交流和合作机制。纵使拥有了江苏科技大学这样专业性强的船舶大学，但至今也没能在全省层面上建立较有影响的涉海国际交流平台，与国外高层次海洋人才的交流学习机会不多，与国外先进水平差距较大。

3. 海洋人才培养缺乏科学规划

《全国海洋人才发展中长期规划纲要（2010—2020年）》已经对海洋人才的整体需求作了预测，这需要我们深入细化，从全省角度合理配置海洋人才资源，制定全省海洋人才资源开发专业规划，否则难以建设一支均衡发展、全面服务海洋事业的人才队伍。江苏至今缺乏一个全省统一的海洋人才规划，不能定期对海洋人才资源的拥有情况、分布状况、知识能力水平等进行统计分析，对海洋人才的建设与培养缺乏科学统一的规划。海洋部门对人力资源的投入仅仅表现在开发上的短期技能培训，缺乏主动地去了解发展需要，学习与培训缺乏系统性和连续性，不能尽快适应海洋领域的快速发展。2017年5月，配合全国海洋经济调查，江苏海洋与渔业管理局出台了《江苏省第一次全国海洋经济调查实施方案》，这将有效推进全省海洋经济调查工作，为制定海洋人才规划提供依据。

4.海洋文化意识不浓厚

海洋的重要性和海洋人才的培养意义，无疑在海洋文化的影响下，得到体现和重视。中华民族的海洋文化历史悠久，但由于清代实行闭关锁国而落后于西方，造成海洋文化的断层，海洋文化意识在人们心中所剩不多。海洋文化在各界的宣传力度不够，海洋文化建设收效甚少，没有形成重视海洋人才培养的社会氛围。虽然南京、连云港、苏州、无锡、扬州、南通、盐城、徐州均建有海洋馆、海上世界或水族馆，但仅有南京、镇江、连云港、盐城、南通等地成立了一些海洋资源开发与海洋经济研究平台。2013年江苏海洋科研机构只有10个，少于广东（24个）、山东（21个）。江苏作为沿海经济大省，投入到海洋文化建设上的资金明显偏少，难以培植民众的海洋意识。

四、江苏省海洋人才建设思路

（一）战略定位和总体思路

全面贯彻落实党的十八大和十八届三中、四中、五中全会精神，深入贯彻落实习近平总书记系列重要讲话和视察江苏重要讲话精神，紧紧抓住"一带一路"建设以及江苏省沿海开发等重要战略机遇，围绕建设"海上苏东"的总定位，切实强化人才是"第一资源"的理念，按照《全国海洋人才发展中长期规划纲要（2010—2020年）》要求，深化拓展"创新驱动、人才强省"发展战略，以培养海洋人才创新能力为核心，以引进高层次海洋人才为重点，建立更加灵活开放的海洋人才管理制度，实施更加积极有效的海洋人才政策，增强全省海洋人才创新创业活力，优化人才发展环境，为推动江苏融入"一带一路"建设提供强有力的海洋人才保障。

（二）发展目标

对照《全国海洋人才发展中长期规划纲要（2010—2020年）》要求，到2020年，基本建成一支能够支撑和引领全国海洋经济社会发展的400万人的海洋人才队伍。作为经济大省的江苏更应该跑在前列，2020年必须拥有一支规模大、结构优、素质好、活力强的海洋人才队伍，海洋人才培养与海洋人才发展的综合指标均超过全国平均水平，在全国沿海省份处于领先地位，把江苏建成国际化海洋人才集聚中心。

（三）重点内容

1. 立足区域经济，加大培养海洋人才的力度

（1）宏观层面：江苏省融入"一带一路"国家建设。

江苏省位于"一带一路"建设重要交汇点，江苏省委、省政府坚决贯彻中央决策部署和工作要求，充分发挥开放型经济发展比较优势，全面对接和深度融入"一带一路"建设。随着江苏与"一带一路"沿线国家的经贸合作、载体建设进一步丰富和深化，"走向深蓝"的江苏，在做好海洋产业规划的同时，同样迫切需要加强海洋人才队伍的建设。

一是加强全省海洋高等教育战略规划。目前江苏本科涉海高校有两所：江苏科技大学与淮海工学院，前者以船舶工业为背景，后者以海洋开发为主导。从专业主线来看，同质化现象不严重。可以从战略高度对江苏海洋高等教育进行科学规划，将江苏科技大学建成以船海工程为主的国际性船舶大学，将淮海工学院更名为江苏海洋大学，建成具有海洋产业、海洋经济特色的国内有影响的海洋学科大学。两所院校培养各具特色的海洋人才，实现教育发展与产业发展的有效协调。

二是推进海洋学科专业与海洋产业衔接。发挥以江苏科技大学为核心的"江苏船舶海洋联盟"作用，引导江苏省四所涉海高校的专业建设紧密结合船舶制造业、海洋生物与海洋医药业、海洋资源与环境产业、滨海旅游与休闲业、海洋渔业和海水养殖业、海洋文化产业等，江苏科技大学培养本科以上（含博士、硕士）高层次海洋人才、淮海工学院培养本科与硕士、南通航运职业学院与南京江海职业学院培养技能性应用型海洋人才，满足海洋产业对不同层次人才的现实需求，实现海洋专业建设与海洋产业发展的有机协调。

三是产学研结合，提高海洋人才培养的适应性。建立海洋产学研战略联盟，共建海洋高新技术产业园、海洋产业研发中心等创新平台，实行"人才培养+项目研发"相结合的人才培养模式，培养创新型、应用型高层次人才；支持涉海企业与高校联合建立专业人才培养基地，实行海洋人才的"订单式"培养，为海洋产业与事业发展输送更多适合行业需求的人才；积极探索新型海洋产学研合作机制，优化各类资源的配置，提高产学研成果的产业化能力。

（2）微观层面：海上苏东战略的实施。

海上苏东，指江苏东部沿海地区，包括连云港、盐城、南通三市。2009年6月国务院原则通过的《江苏省沿海地区发展规划》已经明确由原来的百万亩滩涂大开发、大量围垦土地、改造耕地、集中全力发展海水养殖转移到今天的"沿海开发以工业开发为主导，将沿海经济带定位在'面向国际的先进制造业集聚带、现代沿海城市带和生态旅游风光带'，前提是港口开发"的综合开发战略上来。所以，我们应该认真结合江苏省沿海地区的经济发展状况以及区域教育资源特征，建立完整的海洋教育体系，加速培养海洋人才。

第一，积极探索基础海洋教育。

中、小学生海洋意识的强弱、海洋知识的多寡和海洋素质的高低直接关系到海洋强国战略的实施。长期以来，海洋教育只是作为一种特色教育在江苏省沿海地区中小学校中开展，省内绝大多数中小学生一直到走出校门都没有接受过专门的海洋教育。因此，基础海洋教育可以纳入基础教育的课程教学计划当中，在江苏全省推广，让更多的江苏青少年了解海洋常识，增强海洋意识，加强未来海洋人才的培养。

第二，做实做强高等海洋教育。

一是调整办学定位：面向大海，走进深蓝。长期以来，江苏省沿海地方高校真正面向海洋办学的不多，涉海学科和专业偏少，海洋人才培养规模小。进入21世纪以来，随着海洋在国家层面的战略地位跃升，江苏省沿海的连云港、盐城、南通各市政府海洋意识逐渐增强，海洋产业均被列为本地区战略新兴产业，海洋高等教育得到重视。到目前为止，自从广东组建广东海洋大学之后，上海和辽宁先后将上海水产大学和大连水产学院更名为上海海洋大学、大连海洋大学。江苏省仅有淮海工学院设立了海洋科学与水产养殖学院以及其他涉海工程专业，从建设海洋强国的战略要求看，江苏应该尽快将淮海工学院组建成为江苏海洋大学，同时沿海的盐城、南通各地方高校也应调整定位，面向大海，走进深蓝。

二是加强专业建设：错位布局，竞合发展。要把面向大海的办学定位真正落到实处，加大江苏科技大学的海洋科学研究投入，确保把江苏科技大学建设成为国际性船舶大学，江苏省沿海的连云港、盐城、南通的地方高校应科学规划专业布局，扎实搞好专业建设，办好一批在国内外海洋界有影响、有地位、有实力、有水平的品牌专业和特色专业。

三是改进培养模式：联合培养，协同创新。海洋强国建设是一项复杂的系统工程。海洋人才培养工作，服务领域多，技术集成高，经费投入大，需要海洋高等教育机构、海洋主管部门和海洋产业界高度协同、深度合作。可以通过共建产业联盟，拓展实践平台，聘请企业导师，整合校内外力量，荟萃多方智慧，完善培养方案，合作共赢。

第三，大力发展海洋职业教育。

在沿海发达国家和地区，海洋职业教育长期以来备受关注，如澳大利亚，有60%的职业院校是专门为海洋经济各部门、各企业培养配套技能型人才的，有80%的专业围绕海洋开发、海洋利用进行设置。而在我国的职业教育体系中，由于受市场需求的影响，职业教育都偏重于市场需求量相对较大的计算机、外语、财会等专业的人才培养，而市场需求量相对较小、专业性极强的海洋职业教育一直得不到应有的重视，导致海洋技能型人才的短缺。特别是"一带一路"建设的实施，国际航行业的迅猛发展，催生了对年轻高级船员的巨大需求。因此，江苏省可以充分发挥南通航运职业技术学院、南京江海职业技术学院的优势，大力发展海洋职业教育，加快培养海洋技能型人才，满足建设海洋强省的迫切需要。

第四，有序发展其他海洋教育形式。

首先，加大大众传播媒体对海洋相关知识的宣传力度。报纸、电视、网络等主流传媒对海洋类的新闻多报道、多宣传，发挥舆论引导作用；其次，强化海洋科普基地的海洋教育功能。目前，连云港、盐城、南通属于江苏省沿海地区，南京、连云港、苏州、无锡、扬州、南通、盐城、徐州均建有海洋馆、海上世界或水族馆，对这些海洋科普基地要增加知识内容新意，增强其科普能力与教育功能。最后，要改变目前单一的海洋教育形式。除了大众媒体的宣传和传统的科普教育手段以外，其他形式的海洋教育，如社区海洋教育，可以有效扩大海洋教育的公众参与范围。

2. 发展海洋产业，加快高层次海洋人才的集聚

产业集聚是企业与人才集聚的引擎。充分利用好江苏科技大学牵头成立的"中国船舶与海洋产业知识产权联盟"平台，构建高层次海洋人才层次递进集聚模型，在总结前人研究成果的基础上，结合江苏海洋经济发展的特点，特别是随着产业集聚的形成，高层次人才集聚也得到了相应的发展，笔者将这个过程分为三个阶段：第一是高层次人才形成的萌芽阶段；第二是高层次人才集聚阶段；第三是高层次人才集群化阶段。在此过程中与之相对应的分别催生了示范效应、人才优势效应和人才协同效应，如图1-13所示。

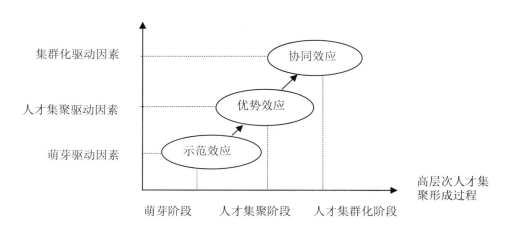

图1-13　高层次人才集聚动态模型

萌芽时期，少量或极少数领军型高层次海洋人才随着海洋产业企业的落户而到来，又因当时人才短缺而较容易得到重用，从而取得成功，对后来的高层次海洋人才起到了示范作用。人才集聚时期，随着进入海洋产业集聚阶段，后来的高层次海洋人才在示范效应的引领下，开始以海洋产业企业为载体的人才集聚。集群化时期，随着海洋产业进入集群化阶段，在人才优势效应的作用下，大量的高层次海洋人才集聚在一起，并催生了人才协同效应。

（1）萌芽阶段的驱动策略。

首先，以产业规划为载体。产业是海洋人才集聚的主要载体，一个富有竞争力的海洋产业一定拥有合理的战略规划，这对吸引与留住高层次海洋人才有着直接的影响。因此，江苏省必须制定合理的海洋产业发展战略，并建立良好的沟通机制，做好海洋人力资源规划，吸引高层次海洋人才。

其次，以利益趋求为中心。按照马斯洛的学说，人的需要分为基础需要和高级需要，基础需要是人才集聚前提条件。从经济学的观点来看，一切生产要素的聚散、重组都是为了以最小的投入以求获得最大的利益。据调查表明，在我国，有56.65%的人把薪酬当作流动时首要的考虑因素。人才流动并在一定区域集聚的一个目的是为了获得比原地区有更高的经济收入，获得比原地区更多的发挥个人才能的条件和机会。所以，江苏省出台人才引进安置政策，给予其更多地优惠待遇，促成海洋更多人才的集聚。

再次，创造良好的生活环境。人力资本集聚具有较强的主观能动性及自我选择性，不仅考虑直接的经济收入，更看重人居环境与个体价值的发挥等软硬均比较优质的环境，所以环境优化成为人才集聚的重要保障。现在越来越多的高层次人才对环境提出了更高的要求，如交通环境、居住环境、人文环境、自然环境等。人才软环境也是不可或缺的因素，包括人才发挥作用所需要的核心条件，如知识更新和再学习的文化环境、信息交流环境，知识转化所需要的政策环境，施展才能所需要的产业和行业地位，开展工作所需要的人际关系环境甚至生活习惯等，具有不可替代性。在现代技术条件下，一个地区的人才硬环境可以全盘克隆，但人才软环境却不能。

综上所述，高层次海洋人才具有进入高技术产业领域的能力，对利益的趋求驱动着第一批先导型高层次海洋人才的进入，政府应及早理解和察觉高层次人才对经济收入的不断提高和对生活环境要求的不断追求，并尽量满足他们的需求，以吸引他们并起到其示范作用。高层次人才集群萌芽阶段要素驱动模型如图1-14所示。

图1-14　高层次海洋人才萌芽阶段的驱动策略模型

（2）集聚阶段的驱动策略。

海洋产业集聚作为社会发展的新趋势，为沿海地区的相关产业集聚提供了明显的集聚效应，从而进一步推动了相应产业与人才的集聚，所以海洋产业集聚是海洋人才集聚的引擎，也是高层次海洋人才集聚的先导。

首先，海洋产业集群吸引了大量与海洋产业彼此关联的企业以及大学、智囊团、职业培训机构、行业协会等其他相关机构，存在着巨大的人才集聚效应，在先导型的高层次海洋人才作用的带动下，更多的高层次海洋人才将随之而来。

其次，海洋产业集聚在增强集聚区企业整体竞争能力的同时，直接加剧了人才竞争，从而推动了个人学习能力的提高，促进学习型组织的培育，使之更能够吸引海洋高层次人才的集聚。

再次，制度建设、尊重知识、尊重人才的氛围也会吸引大量优秀海洋人才的集聚，并激发现有人才的工作激情。

由此可见，产业集聚带来的规模引力、竞争力有利于海洋人才集聚，软环境吸引着更多的跟随性的高层次海洋人才。随着高层次海洋人才集聚阶段不断形成，催生出人才集聚的优势效应。高层次海洋人才集聚阶段要素驱动模型如图1-15所示。

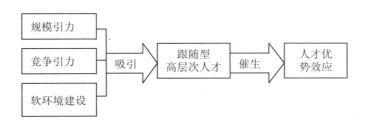

图1-15　高层次海洋人才集聚阶段的驱动策略模型

（3）集群化阶段的驱动策略。

在现代社会，随着学科的相互交叉与融合，迫切需要各类专业人才组成一个团队来协同完成，海洋产业集聚所带来的海洋人才集聚将会产生"马太效应"，使得沿海区域对海洋人才的吸引力会越强，吸引更多的海洋人才，从而达到高层次海洋人才的集群化，这正是为这种团队智慧的集聚与创新协同提供了有力的保障。此外，自我挑战精神、自我成就感的实现同样驱动着高层次海洋人才向海洋人才集聚发达的地区迁移，海洋人才集聚区域的企业竞争、人才竞争为高层次海洋人才发挥自我才能，实现自我价值，为社会创造最大利益搭建了广阔的舞台。

因此，高层次海洋人才之间的协同创新能力和自我价值、自我成就感的实现，从侧面引导着更多的高层次海洋人才团队的进入，进一步促进了高层次海洋人才集群化的形成，并催生了人才协同效应。高层次海洋人才集群阶段要素驱动模型如图1-16所示。

图1-16　高层次海洋人才集群化阶段的驱动策略模型

结合江苏省沿海开发战略上升为国家级发展战略的新机遇，各级政府必须要树立人才集聚理念，围绕海洋开发与城乡一体化建设的发展布局，聘请国际海洋领域的领军人物或团队参与专业学科发展，针对不同产业的发展阶段制定出不同的人才吸引政策，筑巢引凤，由一引十，构建高层次人才团队，以发挥高层次人才协同效应，提高其集聚水平。

五、江苏省海洋人才发展对策

（一）科学组织规划

对照《国家中长期人才发展规划纲要（2010—2020年）》《全国海洋人才发展中长期规划纲要（2010—2020年）》要求，由江苏省海洋与渔业管理局全面指导、规划全省涉海科研机构涉海科学研究与产学研合作，并与省教育厅联合规划江苏省高校涉海专业布点设置，构建全省全方位、多层次、宽领域的海洋人才培养系统，制定出台多渠道引进与培养高层次人才的优惠政策，加速高层次人才集群化。

（二）体制机制创新

一是正确处理内部培养与外部引进的关系。首先，立足完善内部培养机制，培养一批高层次人才；其次，把引进外部高层次人才作为海洋人才开发的重要内容，不断引进高尖端人才。

二是正确处理人才培养与人才流失的关系。国际竞争的加剧，人才争夺愈演愈烈，江苏要采取积极措施，创造适宜高层次海洋人才职业生涯发展的环境，有效解决海洋人才流失，维持高层次海洋人才队伍的稳定。

（三）重点对策措施

1. 强化政策引导，健全法制体系

完善海洋人才政策法规体系，建立市场主导、多元参与的运行机制，形成有利于海洋人才全面发展的法制环境，推动海洋人才工作从行政管理向依法管理转变。健全关于海洋科技成果转让的法律法规，为成果转让各环节提供法律支持。强化对知识产权的保护力度，营造良好社会氛围。运用法治思维和法治方式推动海洋人才

发展，认真贯彻国家和省有关法律法规，保护人才权益。保障海洋人才对科研成果的收益权，合理分配股权、分红，以市场价值回报人才价值。优化知识产权保护环境，增强知识产权行政执法能力，切实保护海洋人才知识产权成果。

2. 加大资金投入，推进育才引才

一是重视海洋学科高等教育的投入。在江苏省设立海洋教育基金，保障海洋高等教育持续稳定投入，让江苏涉海高校、涉海学科、涉海专业发挥规模效益，把涉海高校真正打造成为海洋人才培养基地，培养和造就有规模、优结构、布局合理、素质优良的海洋人才队伍，确立江苏海洋人才竞争比较优势，进入全国海洋人才强省行列。

二是推动建立公共财政投入人才发展的稳定增长机制，进一步落实2017年江苏省政府下发的《关于扩大对外开放积极利用外资若干政策的意见》，聘请国际海洋领域的领军人物或团队参与专业学科发展，按照层次递进模式面向海内外引进海洋方面高层次人才和团队，实施顶尖人才顶级支持计划，重点引进和培育海洋渔业、海工高端装备、海水淡化与综合利用、海洋药物和生物制品等领域核心技术团队和高层次人才，加速高层次人才集群化，打造全国高层次海洋人才聚集地。

3. 拓宽国际视野，打造国际化人才港

海洋产业的发展具有开放性、包容性和共赢性。随着国际格局向纵深复杂化方向发展以及沿海各国对海洋权益争夺的加剧，海洋产业与国际对话的空间构筑显得越来越重要和迫切。因此，海洋人才培养要注重拓展人才国际化视野，增强海洋人才在新时期进行国际有效对话和争取合法权益能力的培养。"十三五"规划中明确了我国将实施人才优先发展战略，海洋人才的培养在国际化的路径上要注意本土人才培养的国际化与外来引进人才的重点化相结合。江苏，作为经济大省，理应走在前列。

江苏省海洋经济创新发展
示范城市建设研究

——基于连云港市海洋经济创新发展的分析

一、引言

近年来，中共中央作出推动"一带一路"建设部署工作以及建设"海洋强国""创新驱动发展"等重大战略决策。2016年财政部、国家海洋局联合下发《关于"十三五"期间中央财政支持开展海洋经济创新发展示范工作的通知》，推动海洋重点产业的创新和集聚发展，集中资源优势，把海洋生物、海洋高端装备、海水淡化3个产业作为重点发展对象，围绕重点项目，推进产业链协同创新和产业孵化集聚创新。同年10月，国家海洋局和财政部共同批复"十三五"海洋经济创新发展示范城市工作方案，并确定天津滨海新区、南通、福州、厦门、青岛等8个城市为首批海洋经济创新发展示范城市。2017年6月再次确定秦皇岛、上海（浦东新区）、宁波、深圳、海口等7个城市为第二批海洋经济创新发展示范城市。

连云港市依山傍海，区位优势突出，是我国首批沿海开放城市、新亚欧大陆桥东方桥头堡、"一带一路"交汇点城市、上海合作组织出海基地、国家东中西区合作示范点、国际性港口城市，同时也是江苏省沿海大开发的中心城市。连云港积极抢抓沿海开发和"一带一路"机遇，不断提升海洋经济可持续发展能力，加快由海洋资源大市向海洋经济强市转变。继南通市成为我国首批海洋经济创新发展示范城市，连云港市作为江苏省三大沿海城市之一，也应该以发展海洋经济、壮大江苏省海洋经济为己任，提高海洋经济创新能力，积极响应国家的号召，通过自身已有的资源优势，不断提升海洋科研能力，形成陆海城三方位全面、协调发展的海洋经济强市，为创建海洋经济创新发展示范城市奠定基础。本研究通过案例分析和相关指导文件学习，借鉴国内外海洋经济的理论成果与实践经验，构建出一套科学合理的指标体系和评价方法，并以此为基础对连云港市海洋经济创新发展示范城市建设进行测度分析和客观评价，找出连云港市在海洋经济创新发展示范城市建设过程中的优势和不足，并针对连云港在发展中的薄弱环节提出了相应的对策建议。

二、海洋经济创新发展示范城市建设评价体系的构建

《关于"十三五"期间中央财政支持开展海洋经济创新发展示范工作的通知》中指出，为贯彻落实党中央、国务院关于"创新驱动发展""建设海洋强国"等战略部署，选取若干城市开展海洋经济创新示范工作，并对其进行绩效评估、考核检查，从而树立一批典型城市，发挥示范、带头作用。

（一）海洋经济创新发展示范城市内涵

在分析前人研究、参考大量相关文献，同时在理解创新、海洋经济等相关理论的基础上，本研究将海洋经济创新发展示范城市的概念定义为：海洋经济创新发展示范城市是指沿海城市陆海统筹下，城市、资源、环境、生态、经济和社会组成的有机复合系统。该系统具有陆海城关系和谐、海洋自然资源的高效利用、海洋生态可持续发展、海洋环境舒适、海洋经济运行有序、社会发展稳步前进等特点。以创新引领海洋城市的发展转型，产业结构优化调整，打造海洋文明社会风气，构建以创新为基准的健康、可持续的海洋城市发展模式。

（二）指标体系构建

建设海洋经济创新发展示范城市是一项系统且复杂的项目，如何评选海洋经济创新发展示范城市，如何把海洋经济创新与城市发展互动融合，创建海洋经济创新发展示范城市，必须建立体系完整的海洋经济创新发展示范城市评价机制，而评价海洋经济创新发展示范城市机制则需要从制定科学有效的评价指标体系开始，把建设海洋经济创新发展示范城市工作利用科学系统的方法进行量化，进而完善海洋经济创新发展示范城市考核评价体系，推动海洋经济创新发展示范城市的建设，实现人与海洋、城市与海洋的联动发展。

目前，海洋经济已成为沿海地区社会大发展的重要标志，因而指标体系的建立和各指标权重的确定，对于海洋经济创新发展示范城市建设的研究至关重要。从大量的文献中可以看出，不同领域的学者对于评价海洋经济、海洋城市指标体系的研究着眼点各不相同，从国内外的海洋经济可持续发展指标体系，到海洋经济产业发展格局，学者们各自从不同的评价对象、评价思路构建出指标体系，并对其得出的结果实施验证、应用。通过对大量文献资料和已有的统计数据分析、筛选和整理，从中抽取与海洋经济、海洋产业、创新等有关的信息，同时本研究的评价指标体系在《全国海洋经济发展"十三五"规划》《江苏省"十三五"海洋经济发展规划》两大文件指导下进行提升。本研究提出的海洋经济创新发展示范城市建设评价体系由三级指标构成，以海洋经济创新发展示范城市建设作为目标层，一级指标从海洋经济发展基础、产业孵化集聚创新、海洋经济创新绩效、产业链协同创新4个层面构建。

1. 海洋经济发展基础

（1）海洋资源。

资源是人类社会赖以生存和发展的物质基础，海洋资源也是海洋经济可持续发展的物质基础。经济上的发展实质上也就是人类运用掌握的自然资源而作用于社会经济资源的过程，从而使得人类在开发和利用资源的过程中获得效益。海洋经济的发展也有赖于海洋资源，海洋资源种类多样，物产丰富，是建设海洋经济创新发展示范城市的基础。建设海洋经济创新发展示范城市，需要改善旧的资源利用方式，开发新型低碳、绿色、环保的海洋技术，解除海洋资源的约束。因此，海洋资源方面的指标选择如下。

X_1：海洋矿产资源指数；X_2：单位海域使用面积经济产出；X_3：围填海利用率；X_4：人工养殖水域面积；X_5：海域面积。

（2）海洋生态。

海洋生态是海洋生物生存和海洋可持续发展的基本条件。自然资源并不是取之不尽、用之不竭的，作为沿海城市发展得天独厚的优势，针对自然资源承载力研究问题，近几年愈来愈多的学者提出基于生态系统健康的海洋生态承载力概念。生态水平低则说明资源一直处于亚健康状态。党的十八大提出推进"五位一体"建设，经济建设为根本，政治建设是保证，文化建设是灵魂，社会建设是条件，生态文明建设为基础，同样适用于海洋经济创新发展示范城市的建设。海洋生态需要处理好陆海城之间的关系，建设海洋生态就是建立人、城市、海洋之间的良性互动，并促使三者健康和谐发展。因此，海洋生态方面的指标选择如下。

X_6：海水富营养化程度；X_7：海洋类自然保护区建成数；X_8：海洋生物种群数量；X_9：海洋生态监控区面积。

（3）海洋环境。

海洋环境是海洋经济发展的空间支持范畴。环境是陆海城、各种生物存在和发展的空间，不仅直接关系到人类，还会影响自然资源的水平。海洋经济的发展必须与环境的承载力相协调，才能确保经济环境可持续发展。而环境的优劣又取决于环保和环境改善两大方面，环境也分为生物环境和资源环境两大方面，生物环境主要指的是海洋生物多样，对于海水水质情况就有一定的要求，包括污水入海量和海水矿物质优化等；资源环境则是指陆源污染物，包括废水处理、海上垃圾、沿海工业污染等。因此，海洋环境方面的指标选择如下。

X_{10}：工业废水排放达标率；X_{11}：污水直排入海量；X_{12}：自然海岸线比重；X_{13}：固体废弃物综合利用率。

2. 产业孵化集聚创新

按照科技部《关于进一步提高科技企业孵化器运行质量的若干意见（2003年）》的定义，孵化器是培育和扶植中小微型科技企业高新技术的服务机构。产业孵化是一个产业链发展的动态过程，孵化中小微科技型企业，在初创时期帮助其生存、成长，为其提供专业的管理和服务，促使其开展融资，为处于危急时刻的企业解决投资风险。一个完整、成功的企业孵化器有以下几大特点:共享空间、服务、孵化企业、管理人员、扶植在孵企业的优惠政策。

（1）孵化能力。

从孵化器的定义来看，孵化能力包括两方面的内涵：一是孵化器自我孵化能力，即指孵化器在孵化中小微科技型企业的同时，提高自身的能力，如孵化器规模、管理水平、效益和员工素质等；二是孵化器孵化在孵企业的能力，即为在孵企业提供的配套的综合服务设施，包括环境、信息、管理、公关、创新和经济支撑等。企业孵化器通过为中小微科技型企业提供空间和基础设施，降低创业者的创业风险，提高创业成功率，促进其科技成果转化；帮助、支持中小微科技型企业成长和发展，培养龙头企业和成功的企业家。通过对孵化器孵化能力进行评价，政府管理部门能够及时、准确地掌握孵化器的运行情况和质量状况，对于公关资源的合理配置，提高孵化意识具有导向作用。因此，孵化能力方面的指标选择如下。

X_{14}：孵化基地面积；X_{15}：孵化器本科及以上员工比例；X_{16}：孵化基金规模。

（2）孵化效率。

从经济学角度看，"效率"主要指的是生产过程中所消耗的劳动量和所获得的劳动成果之间的比值。对于孵化器的孵化效率来说，主要是指单位时间内，成功培育和扶持中小微科技创新型企业的数量。本研究对孵化器的孵化效率进行评价，实质上就是分析在一定的资源投入与产出之间孵化器的对比关系，以此来衡量孵化器资源配置是否合理。因此，孵化效率方面的指标选择如下。

X_{17}：在孵化企业数量；X_{18}：新孵化企业数比重；X_{19}：孵化信息平台数。

（3）社会效益。

随着全球人口的增加，资源和环境的压力愈发加重，地球上70%以上的面积是海洋，那么开发海洋资源就成为了缓解这一巨大压力的主要出路之一。产业孵化集聚创新是以提升海洋产业园区、孵化器等自主创新能力为核心，多方面挖掘整合海洋资源，加快海洋经济、产业的迅速发展。中小微海洋科技型企业的集群孵化、发展，带动全社会的投入，拉动海洋经济GDP，大力发展、优化海洋产业结构，创新海洋产业结构、机制。经济基础决定上层建筑，一个城市经济发展迅猛，势必带来高就业需求。开展示范城市工作的社会效益不仅包括就业方面，还有重点支柱产业选择等。因此，社会效益方面的指标选择如下。

X_{20}：在孵化企业从业人员数；X_{21}：累计孵化企业数。

3. 海洋经济创新绩效

海洋创新能力体现在海洋知识的运用和转化为经济效益的整个过程。因此，综合考虑各方面因素，来确定创新型海洋城市应具备的能力，其中最主要的则是海洋投入与产出两大要素。建设海洋经济创新发展示范城市，需要从产业链协同创新、产业孵化集聚创新和创新绩效等方面进行组合、协调发展。海洋经济创新的过程需要注重系统性和协同性，形成一种创新资源优势互补、融合的有机整体，形成1+1＞2的创新绩效。

（1）制度创新。

海洋管理制度是对涉海人群和组织进行制约的一系列手段规则，包括正式和非正式规则、海洋管理的运行机制等。制度的建立和完善对于地区海洋经济与社会的发展都起着重要的作用，建立适合于自身情况的海洋制度，不仅影响一个地区的海洋政治和经济利益，同时可以推动海洋事业的前进。调整海洋价值观、增强海洋意识、引入新的海洋管理理念对于海洋制度的完善起一定的作用，包括新时期引入的海洋生态理念、海洋公共管理理念等，促使人们改变旧的思想，从生态、公共的角度来看待海洋，从而实现海洋制度的变革。因此，制度创新方面的指标选择如下。

X_{22}：海洋信息公开率；X_{23}：海洋信息公共管理平台数；X_{24}：海洋知识产权保

护制度。

（2）文化创新。

海洋文化是基于海洋为背景形成的文化形式，在人类不断地探索、开发、利用海洋的活动中得到传承和发展。习近平总书记提出建设"一带一路"伟大构想，应以文化先行，深化与沿线国家的文化交流合作，促进区域共同发展，作为"一带一路"建设进程中要素之一的海洋文化也迎来了新的时代。在继承和发扬传统海洋文化的基础上，重视海洋文化的传播发展，结合复兴海上丝绸之路，明确新时期海洋文化内涵。通过对海洋知识的宣传和教育，提高人们的海洋意识，实现对海洋文化的建设，海洋意识是国家海洋软实力的重要基础，国家也以"国民海洋意识发展指数"为衡量指标对海洋意识宣传教育和文化建设工作成效进行评估。因此，文化创新方面的指标选择如下。

X_{25}：民众海洋意识比重；X_{26}：发表海洋科技论文数量；X_{27}：海洋非物质文化遗产数量；X_{28}：开设海洋专业高等学校数量。

（3）科技创新。

海洋经济支撑沿海城市海洋发展，包括海洋产业的发展。通过海洋经济的高效循环来推动海洋经济创新示范城市的建设，其中包含增加战略性新兴产业、增加海洋第三产业产值、提高沿海地区居民的人均海洋GDP等手段。经济得到了发展，才能促使文化教育事业的发展，促进社会的进步，其他要素对于海洋经济既有推进作用，又彼此之间存在利益冲突。海洋经济是沿海城市经济的重要组成部分。海洋经济不是独立的，海洋经济在沿海城市经济及其发展中的地位是不可替代的，并且逐渐成为沿海经济竞争的主要领域。海洋开发对陆域经济技术上具有依赖性，也就是当前所提倡的陆海统筹协调发展。在创新理念提出之前，沿海城市纷纷出台一些战略来发展海洋经济，但都未能实施有效的战略整合，且缺乏创新这一关键要素。因此，科技创新方面的指标选择如下。

X_{29}：海洋专业技术人员比重；X_{30}：专利授权数；X_{31}：科技成果转化率；X_{32}：科研机构数量；X_{33}：海洋科技课题数量；X_{34}：海洋科研投入比重。

4. 产业链协同创新

（1）企业协作。

海洋产业链是基于一定的技术经济联系的各个海洋产业部门之间，依据特定的价值链和时空布局关系客观形成的链条式关联关系形态。本质上来看，海洋经济产业链是海洋经济部门之间一个具有某种内在联系的企业群结构和产业群集聚，存在上下游之间的合作关系。沿海地区海洋经济的竞争优势在于其产业优势，而其产业优势又依赖于产业集群的发展。海洋产业集群发展不仅能够创造良好的竞争环境，还能够提高海洋产业的创新能力。海洋产业集群发展是海洋主导产业链高度深化的必然结果，需要充分发挥利用好海洋产业技术扩散效应和结构优化效应。海洋产业集群是指主要海洋产业与海洋相关产业中形成完整产业链的几个产业集中在一个区域集中协同发展的一种状态。因此，企业协作方面的指标选择如下。

X_{35}：产供销完整的产业链个数；X_{36}：行业协会建设程度；X_{37}：龙头企业数量；X_{38}：产学研运行数。

（2）政府政策。

聚焦海洋产业发展短板，培育新动能、提升区域发展优势，选取若干城市开展海洋经济创新发展示范工作。在海洋经济创新发展示范城市创建上，政府需要给予充分的肯定及支持。目前，海洋经济发展已经上升到国家战略层面，国家及地方财政部门从政策上支持海洋经济创新发展方面就显得尤为重要。海洋经济的发展离不开涉海企业的支持，海洋经济创新的主体也要从企业入手，财政政策对科技创新型企业进行必要的扶持，以达到创新带动经济发展，产业协同创新和海洋重点产业的集约发展。本研究主要从政府财政政策角度研究，如何通过财政政策对海洋经济加以正确的引导，综合运用相关财政手段，促进海洋经济持续、快速、健康发展，实现全面建成小康社会、建设海洋强国的发展目标。因此，政府政策方面的指标选择如下。

X_{39}：专项资金支持；X_{40}：税收优惠。

（3）金融支持。

国家支持海洋经济创新发展示范工作的开展，也为金融业提供了更为广阔的发展空间和前景。政府文件中也指出要进一步加快金融业发展，为海洋经济创新发展示范城市建设提供有利的金融支持。因此，金融业要以高姿态进一步强化海洋金融意识，主动融入海洋经济建设，充分发挥金融服务业的自身优势和核心作用，构建与海洋经济创新发展示范城市相适应的金融支撑体系。首先是银行业对海洋经济的支持，从战略层面认识海洋经济创新发展的重要性，做好信贷资源配置、加大金融产品创新力度。由于海洋经济的高风险和公共性等特性，对于涉海物权类贷款存在很大的制约因素，也影响银行、金融与资本等平台或中介机构的积极性，所以建立完善的海洋经济创投、融资服务体系就显得尤为重要。因此，金融支持方面的指标选择如下。

X_{41}：企业获得银行贷款额；X_{42}：金融服务支撑体系建设。

（4）产业绩效。

当前，国家对海洋经济的重视使得海洋产业已被公认为经济发展的基础产业和动脉，海洋经济的发展水平成为衡量一个城市乃至国家的现代化程度和综合实力的重要标志之一。我国也将海洋经济今后的发展上升到了国家战略层面，并且成为21世纪重点支持发展的产业之一，各地方政府也将发展海洋经济作为新的经济增长点和支柱产业进行大力培育。与此同时，如何利用科学技术和方法来评估海洋产业的发展水平，为政府决策提供依据，检验海洋经济系统的发展水平成为关键因素之一。绩效评价能为管理者和决策者提供重要的反馈信息，海洋产业也需要进行绩效评价，海洋产业绩效的监督在交流和解决问题方面起着十分重要的作用。因此，产业绩效方面的指标选择如下。

X_{43}：海洋第三产业增加值比重；X_{44}：海洋GDP比重；X_{45}：滨海旅游业收入。

根据上述分析，最后得出的海洋经济创新发展示范城市建设的评价指标体系见表1-12。其中，一级指标4个，二级指标13个，三级指标45个。

表1-12 海洋经济创新发展示范城市建设评价体系

	一级指标	二级指标	三级指标	
海洋经济创新发展示范城市建设评价体系	海洋经济发展基础	海洋资源	海洋矿产资源指数	X_1
			单位海域使用面积经济产出	X_2
			围填海利用率	X_3
			人工养殖水域面积	X_4
			海域面积	X_5
		海洋生态	海水富营养化程度	X_6
			海洋类自然保护区建成数	X_7
			海洋生物种群数量	X_8
			海洋生态监控区面积	X_9
		海洋环境	工业废水排放达标率	X_{10}
			污水直排入海量	X_{11}
			自然海岸线比重	X_{12}
			固体废弃物综合利用率	X_{13}
	产业孵化集聚创新	孵化能力	孵化基地面积	X_{14}
			孵化器本科及以上员工比例	X_{15}
			孵化基金规模	X_{16}
		孵化效率	在孵化企业数量	X_{17}
			新孵化企业数比重	X_{18}
			孵化信息平台数	X_{19}
		社会效益	在孵化企业从业人员数	X_{20}
			累计孵化企业数	X_{21}

续表1-12

	一级指标	二级指标	三级指标	
海洋经济创新发展示范城市建设评价体系	海洋经济创新绩效	制度创新	海洋信息公开率	X_{22}
			海洋信息公共管理平台数	X_{23}
			海洋知识产权保护制度	X_{24}
		文化创新	民众海洋意识比重	X_{25}
			发表海洋科技论文数量	X_{26}
			海洋非物质文化遗产数量	X_{27}
			开设海洋专业高等学校数量	X_{28}
		科技创新	海洋专业技术人员比重	X_{29}
			专利授权数	X_{30}
			科技成果转化率	X_{31}
			科研机构数量	X_{32}
			海洋科技课题数量	X_{33}
			海洋科研投入比重	X_{34}
	产业链协同创新	企业协作	产供销完整的产业链个数	X_{35}
			行业协会建设程度	X_{36}
			龙头企业数量	X_{37}
			产学研运行数	X_{38}
		政府政策	专项资金支持	X_{39}
			税收优惠	X_{40}
		金融支撑	企业获得银行贷款额	X_{41}
			金融服务支撑体系建设	X_{42}
		产业绩效	海洋第三产业增加值比重	X_{43}
			海洋GDP比重	X_{44}
			滨海旅游业收入	X_{45}

三、连云港市海洋经济创新发展示范城市建设测度

（一）总体指数分析

根据连云港市海洋与渔业局提供的关于2015—2017年度海洋数据统计资料，本研究运用基期法对所需数据进行分析，如图1-17所示。

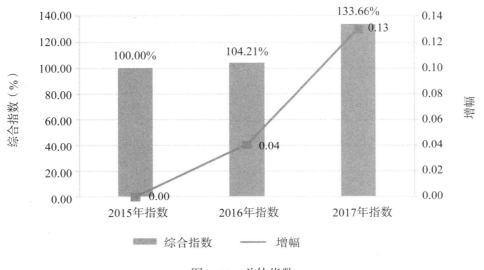

图1-17　总体指数

对连云港市建设海洋经济创新发展示范城市2017年度的综合分析评价时，运用基期法，选择以连云港市2015年为基期进行考察，分别计算出2016年和2017年连云港市海洋经济创新发展示范城市建设综合指数。从图1-17可以看出，以2015年为基期，2016年海洋经济创新发展示范城市建设综合指数为104.21%，比2015年上升了4.21%；2017年海洋经济创新发展示范城市建设综合指数为133.66%，比2015年上升了33.66%，相对于2016年也上升了29.45%。2017年综合指数增幅突出，通过数据研究可以发现，2017年连云港市积极响应国家的号召，对海洋经济进行了全方位的规划，建设大型港口、注重海洋生态保护、加大海洋科研投入等措施对于建设海洋经济创新发展示范城市都做出了一定的贡献，也使得海洋经济发展取得跨越性成效。

（二）分项指数分析

从图1-18的综合指数可以看出，海洋经济发展基础建设呈稳步上升态势。2016年海洋经济发展基础建设的综合指数为112.36%，比2015年上升12.36%；2017年综合指数为131.69%，比2015年上升31.69%，增幅可观。从指数分析上不难看出，连云港市的海洋经济发展基础在先天优势的基础上，又增加了人为的客观因素。根据数据显示，2010—2015年中国及江苏海洋质量公报显示，江苏海域水质处于清洁与较清洁标准范围的面积正在逐年下降，部分区域水质低于四类海水水质标准。近几年连云港市加强了海洋资源的保护力度，其中包括滩涂、海岛的绿色开发，规划海洋一、二类区域保护，严格执行伏季休渔、海洋捕捞"零增长"等措施，最大程度恢复海洋渔业和生态环境，降低海洋经济发展对海洋生态环境的影响。

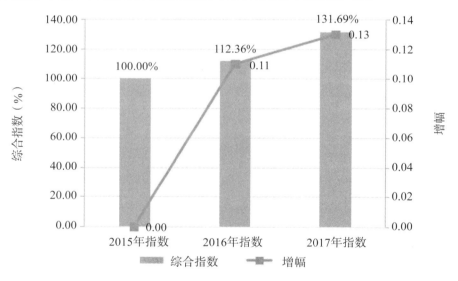

图1-18　海洋经济发展基础指数分析

本研究构建的海洋经济创新发展示范城市建设评价指标体系中，将《江苏省"十三五"海洋经济发展规划》中重点工作项目划入评价指标中。从数据中可以看出，连云港市在2016年海洋经济创新发展示范城市建设综合指数为108.79%，同比2015年上涨8.79%；2017年示范城市建设指数为120.58%，相较2016年上涨11.79%。根据资料显示，近几年连云港市加大了对于海洋产业的孵化投入，海洋科技产业园区的规模增大，涉海从业人员增加，对于中小微型科技企业的孵化也投入了大量的资金等，对产业孵化的指数上升作用明显（图1-19）。

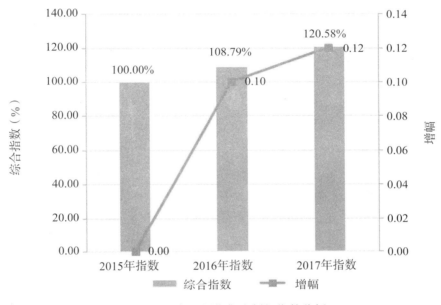

图1-19 产业孵化集聚创新指数分析

绩效作为评估企业发展状况的指标，对于海洋经济的发展同样适用。海洋经济创新绩效主要考核的是科技、文化、制度创新。从图1-20可以看出，2016年连云港市海洋经济创新绩效指数为111.27%，比2015年指数增长11.27%；2017年的连云港市海洋经济创新绩效为126.64%，比2015年指数增长26.64%。随着海洋强省的建设，江苏省对于连云港市的"龙头"建设也上升到战略层次，连云港市海洋经济研发投入、科技成果专利数、智慧海洋信息化平台建设取得一定的成效，同时连云港市加大了对海洋文化的宣传力度，通过徐福故里海洋文化节、滨海旅游低空飞行项目、世界海洋日的宣传和放鱼活动等多种形式，不断提升人们的海洋意识。连云港市海洋与渔业局与淮海工学院的合作实验项目，与海洋学院合作研发试验平台，支持涉海专业人才的教育培育，所采取的措施都为海洋经济创新绩效的评价打下坚实的基础。

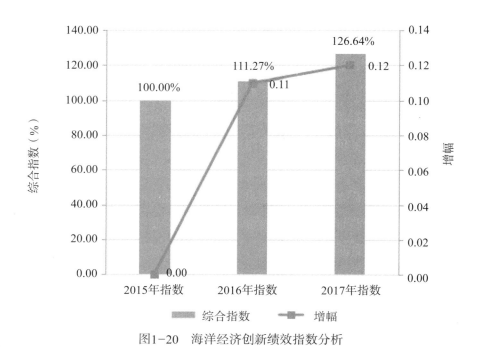

图1-20　海洋经济创新绩效指数分析

　　海洋经济的发展在一定程度上是海洋产业的创新发展。2016年连云港市海洋经济产业链协同创新指数为119.83%，比2015年增长19.83%；2017年指数则上升到135.21%，比2015年增长35.21%，增幅稳定持续。从图1-21的数据可以看出，连云港市海洋产业创新效果显著。传统海洋产业对于海洋经济的发展起到支撑作用，但考虑到海洋经济可持续发展方面，则需要对传统海洋产业进行变革创新，其中不乏对海洋新兴产业的扶持。海洋新兴产业不仅仅是海洋第三产业，其中还包括海洋工程装备制造业、海洋可再生能源和海洋生物制品等。连云港市港口优势突出，徐圩新区石化产业基地建设、地下综合管廊、原油码头建设取得进展；连岛围绕海上风电开发正建设成为能源综合服务海岛；依托连云港市四大药企，积极研发海洋生物医药。实施创新举措的同时完善海洋产业链配套服务系统，加大产学研合作数量与海洋经济的创新成效息息相关。

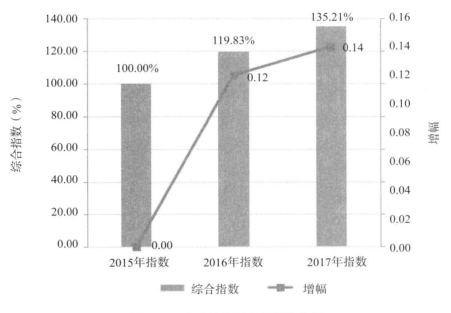

图1-21 产业链协同创新指数分析

四、主要问题

基于上述数据分析，连云港市海洋产业创新效果取得了长足的进步，海洋新兴产业得到了大力扶持。其中港口优势突出，徐圩新区石化产业基地建设、地下综合管廊、原油码头建设取得进展，连岛建设成为能源综合服务海岛，依托连云港市四大药企，积极研发海洋生物医药等。但是，我们也应当清醒地看到，连云港市海洋经济创新发展放在纵向的发展中去审视，特别是与全国已经批复的南通、舟山、秦皇岛等海洋经济创新发展示范城市横向比较中去衡量，还存在一些问题。

一是海洋产业质态落后。连云港市的海洋产业结构虽已有改善，但对于海洋三次产业结构调整优化方面依然有所欠缺，与其他海洋城市相比仍存在一定的差距，连云港市海洋经济尚处于资源消耗型。目前来看连云港市的海洋经济增长很大程度上依赖于自然资源，传统海洋产业仍占有较大的比重，这也意味着连云港市的海洋经济仍处于传统产业开发阶段。同时，海洋支柱产业的引领作用还有待提升，海洋旅游业资源的经济效益尚未充分发挥，海洋生物医药、海上风电等新兴产业的关键作用也未开发充分，海洋产业空间集聚力不足。

二是科技支撑能力不足。连云港市的海洋科研投入不足。虽然海洋科技人员占海洋从业人员比重有所增加，海洋经济的研发投入占科技经费的比重相比之下也在逐年增加，但是涉海科研机构、产学研合作数量仍游离于产业之外，产业链的协同创新发展力不足。海洋新能源、海洋生物医药等海洋新兴产业开发滞后，涉海产品附加值不高，海洋高科技人才团队与发展需求之间不平衡，海洋科技成果转化率较低，创新能力不足。

三是生态环境压力大。近几年随着大力发展海洋经济，对于海洋资源的开发力度也逐渐加强，脆弱的海洋生态系统也随之恶化。石油开发、航运业的发展，海洋污染危害也进一步扩大，海洋生物、海水水质等都遭到严重破坏。同时，工农业的高速发展、城市生活污水等问题使得海湾污染面积有所增加，污染损失加大。海洋工程的兴建，对海岸形态也造成影响，间接导致海洋资源的可再生能力下降。海洋灾害时有发生，进一步加重了海洋生态环境的压力。

四是产业孵化能力不足。连云港市在海洋水产科学、海洋化工工程、海洋生物工程等方面均拥有科研开发体系，包括海洋科技信息服务体系、一定规模的海洋产业园区。虽然连云港市在海洋资源和海洋科研资源都有优势，但缺乏科研创新，创新资源单一，没有多方面整合资源合理分配；中小微科技型企业存活率低，孵化能力较弱，海洋知识产权、专利都低于其他沿海城市；海洋融资能力薄弱，没有形成配套的一系列专业化服务体系，没能形成集群创新、集群发展、集群孵化的新发展模式。

五是产业链协同薄弱。海洋经济的发展离不开产业间的合作，产业链是连接区域发展的纽带，在《关于"十三五"期间中央财政支持开展海洋经济创新发展示范工作的通知》中也强调海洋经济的创新发展重点推进产业链协同创新。连云港市属于沿海城市，占据资源优势和区位优势，但涉海企业和海洋科研机构之间缺乏联系、合作，成果转化产业化程度相对较低，科研机构中海洋科技类的课题项目较少；海洋产业核心技术的研发存在短板，没有形成优势品牌和产品等；在战略性新兴产业方面的培育力度不足，连云港市具有医药产业优势，海洋生物医药产业作为高新技术产业，目前也没有发展成为连云港市海洋新支柱产业。虽然连云港市的海洋经济整体呈现上升趋势，但并没有形成门类完整的海洋产业链。

五、推动连云港市海洋经济创新发展示范城市建设的对策建议

"海洋强省"和"一带一路"建设对海洋经济创新发展示范城市的建设提出了新的定位和要求，同时也带来了新的机遇和挑战。连云港市必须围绕江苏省海洋经济规划战略布局，以"一带一路"交汇点为核心引导力，主动融入"一带一路"建设，科学谋划发展思路、创新举措，实现海洋经济创新发展示范城市的跨越。

一是构建智慧海洋信息化管理体系。当前，国家大力建设"智慧海洋"信息基础，连云港作为江苏省沿海大开发的"龙头"理应响应国家的号召，"智慧海洋"对于海洋资源的合理开发利用、海洋产业布局的优化调整、海域信息化管理具有重要的实际意义。"智慧海洋信息化"建设应立足于"服务海洋开发、经济建设、海洋管理"的宗旨，以保护海洋生态环境、促进海洋经济发展为目标。连云港市建立健全智慧海洋信息化管理体系，形成覆盖连云港市全部涉海企业以及三县海洋主管部门的海洋信息综合管理系统十分必要。连云港市智慧海洋建设分为三个层面：数据层、应用层和支撑层。建立面向经济发展、管理决策、社会公众的"智慧海洋"应用系统，全面提高海洋管理与服务的信息化水平，为江苏省最终建立"智慧海洋"系统奠定信息、技术和应用基础。

二是建设多层次海洋创新体系。深入开展科技兴海战略，围绕产业链协同创新、产业孵化集聚创新，促使科技创新资源重心向海洋产业集聚，构建以涉海企业为主体，市场为导向的产学研相结合的海洋科技创新体系。支持连云港国家高新技术产业园区和海洋科技创新平台建设，构建海洋产业体制机制创新先行区，同时鼓励海洋科研机构与海洋专业高等院校加强合作，重点推进海洋药物活性分子筛选

重点实验室和海洋生物产业技术协同创新中心等海洋科技研发平台和机构。依托沿海城市、临海城镇等地理优势建设一批便利化、专业化、开放式涉海众创空间，围绕海洋新能源、海洋生物医药、海洋高端装备和海水淡化装备等产业进行产业关键技术的研发，形成产业新优势。加快海洋科技成果的转化，根据重点涉海园区规划建设海洋产业孵化服务基地，政府支持银行业和金融行业等各中介组织对涉海科技型企业的资金支持。大力发展海洋高等教育，支持淮海工学院探索创建江苏海洋大学，提升海洋基础学科教研能力。

三是推进海洋生态保护。海洋生态规划以维护和改善区域重要生态功能为重点，以保障生态安全、促进陆海城和谐为目标。结合连云港市的海洋环境现状，将敏感、重要和脆弱区域划定为海洋生态保护红线区域，并分区分类严格管控，从而有效推进连云港市海洋生态文明建设。坚持陆海统筹、河海兼顾的原则，科学处理海洋资源环境承载力、海洋开发强度与海洋生态环境保护的关系，坚持海陆一体、江河湖海统筹，陆域污染排海管控和海域生态环境治理并举，做到海域和陆域联防、联控和联治。对侵蚀性岸线开展整治修复，遏制生态进一步恶化。严控各类损害海洋生态红线区的活动，为未来海洋产业和经济社会发展保留余地。

四是构建现代海洋产业体系。大力推动海洋新兴产业壮大与传统产业提升互动并进，服务业与制造业协同发展，建设连云港市现代海洋产业高地。聚力发展海洋新兴产业、海洋工程装备制造业。支持建造海洋工程及配套产业基地，形成产业优势，积极发展海洋工程专业化服务，走特色化道路。着力发展海洋可再生能源，支持连云港市海上风电项目开发，加快其建设千万千瓦级风电基地。依托四大药企重点发展海洋生物医药技术，加快海洋传统药源和中成药等生物医药的研究开发步伐，扶持海洋药用资源综合的产业链体系，加大海洋生物医药科研成果的转化力度，使"蓝色药业"成为新的海洋主导产业。积极发展海水综合利用业，研发新能源海水淡化成套装备，加强与"一带一路"沿线地区的技术合作。提升海洋现代服务业，优先发展滨海旅游业，建设山海神话文化旅游精品。连云港市重点推进连岛海滨旅游度假区、海州湾国家海洋公园建设，保护性利用、开发海岛旅游资源，构建"山海城港"互动的新格局，打造"一带一路"沿线的重要旅游节点。引导涉海金融服务业发展，创新海洋金融发展机制，发展非银行性质的金融产品，鼓励建设海洋产权交易平台和中介机构，发展海洋创投，打造海洋特色金融。

五是发挥港口龙头带动作用。依托港口优势和地理优势，大力发展临港产业。建设临港特色产业园，推动产业链分工协作，重点创建一批创新性强、配套齐全、规模大的临港产业基地。加快临港基础设施建设，积极改善环境，完善综合服务功能；积极推动和谋划自由贸易港，大力发展港口综合物流和贸易，巩固并提升连云港港区域性国际枢纽港地位。利用好"一带一路"交汇点先导区建设契机，加快推进徐圩港区30万吨级原油码头等深海港建设和上合组织出海基地建设，充分发挥徐圩港区对涉海产业的支撑作用，积极打造区域性国际枢纽港、集装箱干线港和现代化产业集聚港。响应国家号召，加快中哈物流中转基地的建设，加深与"一带一路"沿线国家涉海产业方面的合作，逐步将涉海产业链向中西部地区延伸，打造国际性物流集散中心。以建设临港工业为基础，强化高新技术产业发展，以新材料、新能源、生物技术为重点，建成临港工业集聚区和高新技术产业集聚区，构成临港产业与港口互为支撑的格局。

第二篇
海洋产业升级

江苏省海洋战略性新兴产业发展路径研究

一、战略性新兴产业是海洋经济的短板

（一）江苏省沿海城市功能远逊于周边省份

沿海城市经济竞争力亟待提升。从沿海其他省份的情况看，由省城和沿海主要城市构成的空间格局基本上是经济发展主轴，如沈阳—大连、济南—青岛、杭州—宁波、福州—厦门、广州—深圳，除省城外，这些沿海城市也大多历史悠久、风光迷人，科教发达，经济实力雄厚，在行政上还具有副省级城市的地位，在与省城构成的发展轴上集聚和汇通了省内最优质、最大规模的要素资源，同时支撑起了这些省份海洋经济发展广阔空间。与这些省份相比，江苏的经济发展主轴基本上是由沿沪宁线、沿江线构成，而沿海地区三个城市的历史文化底蕴、经济实力、要素集聚与辐射功能、科技教育水平以及风景名胜的吸引能力等明显偏弱，在全省经济发展格局中的地位也明显偏低，沿海线目前也还没有真正构成发展轴。近年来，沿海引进的产业项目层次不高，百亿元级以上的基地龙头型大项目偏少，海洋新兴产业比重不到10%。从沿海周边省份的情况看，由省城和沿海主要城市构成的空间格局基本上是经济发展主轴，大连、青岛、宁波、厦门、深圳等城市集聚省内最优质、最大规模的要素资源，同时支撑起了这些省份海洋经济发展广阔空间。江苏省沿海三市要素集聚辐射功能明显偏弱，对海洋经济特别是高端海洋产业发展支撑力度不足。

（二）海洋经济总量落差较大

海洋经济总量发展滞后周边沿海省份（表2-1）。江苏省海洋经济总量与广东、山东相比差距很大。海洋经济生产总值比广东少7 000多亿元，只有广东的一半不到，是山东海洋经济总量的一半略多。海洋生产总值占地区生产总值的比重只有9.2%，远远落后于沿海周边省份。

表2-1　2016年沿海5省市海洋经济占地区生产总值比重

省市	海洋生产总值（亿元）	地区生产总值（亿元）	海洋生产总值占GDP比重
广东	15 500	79 500	19.5%
山东	13 000	67 008	19.4%
上海	7 311	27 466	27%
浙江	6 700	46 000	14.6%
福建	8 003	28 519	28%
江苏	7 000	76 086	9.2%

（三）海洋战略性新兴产业比重过低

传统海洋渔业养殖、船舶修造、滩涂农牧业占江苏省海洋总产值的25%以上，而广东、福建、山东海洋传统产业比重已经下降到17%以下。江苏省沿海地区海洋工程装备、海洋生物医药、海水综合利用、海洋新能源等新兴产业的集聚效应低，港口物流等关联产业发展水平不高，海洋旅游资源缺乏成熟的盈利模式，对沿海经济的带动作用不足。沿海海洋经济比重弱于沿江发展态势未变。长期以来，江苏省经济重心集中在沿江及苏南地区，沿海发展相对薄弱。

二、特色化是江苏省海洋战略性新兴产业发展的切入点

江苏海洋地质特点和海洋产业发展基础，决定了海洋经济必须走特色化发展的道路，将特色产业、特色园区、特色企业作为江苏省海洋战略性新兴产业发展的突

破口和切入点。

（一）特色园区

一是大力推动海洋产业向园区集聚。产业园区是海洋经济建设的主要载体，也是建设江苏省现代海洋产业体系的主要支撑平台。要着力打造特色产业园区、技术创新示范园区、临港产业园区。在江苏省南部沿海打造1～2家战略性海洋工程装备制造产业园区，在江苏省中部沿海打造一家国内知名的海洋药物与生物制品产业园区，在江苏省北部沿海打造一家有国际影响力的石化产业园区。

二是着力发展科技创新型海洋战略性新兴产业发展示范区。建议有效整合江苏省涉海科技力量，力争在"十三五"期间成立江苏海洋大学。加强与各国际和区域组织的海洋科技合作，鼓励校企科技合作，形成一个集高校、企业、平台、人才于一体的海洋科技攻关体系。鼓励开展海洋战略性新兴产业前瞻领域研究，推动实现海洋高科技领域关键技术突破，通过建立若干个省级海洋经济科技创新示范园区，实现海洋科技和海洋产业的集合。

三是加快推进现代物流业发展。着重推进连云港东中西合作示范区、中哈物流基地、上合组织出海基地建设。加快连云港炼化一体化等重大项目建设，打造具有国际竞争力的世界级石化产业园，建立连云港创新药物省级特色产业园区。推进盐城中韩产业园合作的深度和广度。鼓励沿海地区上下游产业链在中韩产业园合作对接。推动盐城港与连云港港口资源的联动，推动响水港与灌云港之间的合作重组，鼓励盐城海洋开发园区与渤海湾港口群和长三角港口群海洋开发园区之间建立常态化产业分工合作机制。加快推进以新能源、海洋生物医药、海水综合利用为特征的大丰海洋开发园。继续推进通州湾"海洋经济示范园区"建设，强化"港口引领、产城融合、科教兴海"的思路。鼓励洋口港以LNG接收、仓储、转运为引领，做强现代物流园；提升临港加工园区的规模化效益化。

（二）特色产业

海洋工程高端装备与配套设备产业。要在做强的基础上做大江苏省海洋工程装备产业。大力发展资源消耗低、成长潜力大、综合效益好的海上油气钻井平台、大型特种船舶。积极储备发展大型海上作业平台，重点突破深水半潜式钻井平台和生产平台、浮式液化天然气生产储卸装置和存储再气化装置以及深水钻井船、深水大型铺管船、深水勘察船、极地科考破冰船、大型半潜运输船、多缆物探船等海洋工程装备。探索发展海洋观测与探测装备产业，鼓励开发深海传感器、深海抓斗以及水下无人潜水器技术、深海金属矿产开采设备的发展和应用。

海水淡化与综合利用产业。要从海水淡化设备制造与综合利用两个方面，推动产业的规模化、市场化水平。推动重点园区、龙头企业开展海水淡化技术孵化、装备研发以及成果转化。鼓励海水淡化相关单位联合成立成果转化基地和研发实验室，加快技术的进步与发展。积极推进海水淡化高压泵、反渗透膜等国产化装备的研发和生产。落实江苏大丰港经济开发区与哈电集团发电设备国家工程研究中心有限公司签署"新能源淡化海水关键技术研发和装备制造基地建设战略合作协议"。

海洋新能源产业。重点发展海洋新能源装备、海洋新能源利用及技术服务业。重点开展海上风电设备关键技术攻关，提高风电设备的集成度和国际知名度。推动风电设备制造企业从单纯设备制造向"交钥匙"工程模式转换，提升一体化服务在风电设备制造中的比重。尝试性研究开发潮汐能、温差能、生物质能、海洋能集成等关键技术攻关和应用示范，开发一批具有自主知识产权的新能源核心装备。鼓励开发并示范海域多能互补独立供电系统，建成海洋新能源综合试验和检测平台。培育海洋新能源开发利用和装备制造龙头企业。

（三）海洋医药与生物制品产业

要充分利用沿海丰富的生物资源和较发达的海洋捕捞、海水养殖业所能提供的原料优势，重点推动以海洋药物、海洋微生物产品、海洋生物功能制品、海洋生化制品为重点的海洋医药与生物制品的研究与开发。大力发展海洋生物创新医药。开发基于海洋生物材料的高通量、高精度医学检测仪器、试剂和体外诊断系统以及海洋有毒、有害生物诊断产品。重点发展海洋生物医学组织工程材料、新型功能纺织材料、药用辅料、生物纤维材料、生物分离材料、生物环境材料、生物防腐材料等功能独特或替代进口的新型海洋生物材料。

（四）培育壮大海洋服务业

首先，推进现代海洋物流业发展。以沿海连云港港、南通港为核心枢纽，建立以物流信息平台和跨境电子商务平台为主体的现代物流信息化服务体系，逐步构建具有沿海现代物流业发展模式。

其次，推进滨海旅游向全域性旅游发展。充分整合全省滨海旅游资源，加强旅游基础设施建设，挖掘沿海旅游内涵，提升滨海旅游的品牌，打造沿海旅游资源的自然特色和历史文化特质。初步构建比较完整的滨海旅游体系，建设国内高端滨海旅游目的地。

再次，创新海洋特色金融。推进金融政策在海洋经济领域先行先试。申请设立江苏省海洋发展银行、江苏省沿海航运保险公司等专业性法人机构。大力发展海洋金融中介服务业，全面打造海洋金融中介服务基地。创新海洋特色金融发展机制，加快发展船舶租赁、航运保险等非银行金融机构，开发服务海洋经济发展的金融保险产品。实施海洋金融创新工程，推进金融商务集聚区等海洋金融基地建设。

最后，推进智慧海洋建设。鼓励发展"互联网+海洋"，要运用工业大数据和云计算等新技术，建设江苏省东部沿海立体空间网络运营、监管、服务体系。要依托海洋大数据产业基地建设，打造海洋空间地理信息系统和海洋数据公共服务平台。

三、建设江苏省海洋战略性新兴产业的路径与对策

（一）搭建海洋战略性新兴产业研究平台

打造海洋产业基础研究平台。要针对江苏省海洋产业基础研究薄弱、研究力量分散、研发资金投入少、产业支撑能力不足的现状，大力提升江苏省海洋产业基础研究水平。要从体制上解决江苏省海洋经济共性技术和中试技术、大数据不能共享等问题。打造国内领先的海洋生物基础资源平台，包括建设国家级深海生物资源库、海洋生物基因库、海洋生物技术大数据中心。打造海工高端装备技术研究平

台，包括深海工程船舶、深海传感设备、深海探测设备等。打造海洋新能源技术研究平台，包括潮汐能、波浪能、温差能等。

（二）组建多层次海洋战略性新兴产业研究团队

重点依托河海大学、淮海工学院、盐城工学院等省内涉海高校，联合中国科学院海洋研究所、江苏海洋水产研究所等涉海高校、科研院所，深化与国家深海基地等国家级创新平台合作，加强在海洋前沿科学领域布局。支持海洋产业骨干企业、领军企业创办海洋科研创新服务基地，形成海洋领域产学研技术创新联盟，打造以知识产权为核心的利益共同体，提高海洋科技成果转化与应用水平。

（三）突破海洋战略性新兴产业关键技术

鼓励针对海洋产业急需的关键技术开展联合攻关。围绕江苏省重点发展的海洋医药与生物制品、海洋高端装备、海水淡化、海洋新能源等新兴产业和海洋高技术产业，组建以企业为主体的海洋技术协同创新团队，建设一批企业技术中心、工程（技术）研究中心、工程（重点）实验室，编制海洋产业技术升级路线图，组织实施重点产业关键技术联合攻关工程。

（四）构建有利于海洋经济技术创新的制度体系

要针对重点发展的海洋新兴产业所面临的技术瓶颈，深入实施知识产权战略，完善技术成果交易转化机制。加快建设海洋技术转移中心和科技成果转化服务示范基地。完善涉海创业孵化生态体系，建设一批海洋特色的孵化器、众创空间、众筹众包、公共研发等服务平台，开展"海洋+创客"行动。

（五）培育海洋战略性新兴产业高端人才队伍

要围绕江苏省重点发展的海洋战略性新兴产业和面临的关键技术瓶颈，实施江苏省海洋英才引进计划。出台柔性引进海洋高端人才团队的政策，加快国内外海洋高层次人才引进，重点引进海洋生物医药、海水综合利用、海洋渔业、海工高端装备等领域的核心技术团队，打造全国海洋高端人才的聚集地。

新时代江苏省海洋产业生态化集聚发展对策研究

江苏省沿海地区位于"一带一路"交汇点以及长江经济带和江苏省沿海开发国家战略的叠加区域，是培育江苏新经济"增长极"的重要抓手。实施沿海开发战略以来，江苏省沿海地区综合实力显著增强，基础设施日臻完善，现代产业体系加快构建，海洋经济高速增长；但与沿海先进国家和地区相比较，当前江苏省沿海经济发展依然存在着中心城市极化效益不明显、产业竞争优势不突出、区域经济碎片化现象突出、海洋经济总量发展滞后等问题。江苏省与其他沿海省市的最大差距，主要体现在港口型经济在江苏没有真正形成。因此，江苏省必须学习贯彻党的十九大会议精神，加快建设海洋强国强省，提高海洋及相关产业、临海经济对国民经济和社会发展的贡献率，使海洋经济成为推动国民经济发展的重要引擎。在路径选择上，一是坚持陆海统筹；二是建设现代化经济体系；三是加快生态化发展。因此，开展江苏海洋产业生态系统研究，是加快江苏海洋强省建设工作的迫切需要，通过海洋产业生态化发展能做到保护与发展并举，是解决海洋生态环境问题的重要途径。

一、产业生态发展的任务与意义

实施江苏省沿海开发战略以来，江苏海洋经济综合实力显著增强，海洋经济高速稳定增长，海洋产业结构日趋合理，海洋新兴产业蓬勃发展。但江苏省海洋经济规模与我国海洋经济发达省（市）相比还有一定的差距，存在着海洋经济总量发展滞后、新兴产业竞争优势不突出、港口建设重复功能重叠、海洋科技支撑能力较弱和海洋生态环境弱化等一系列问题。开展江苏海洋产业生态发展研究，是贯彻落实江苏海洋强省战略、推动区域经济转型升级的必然要求；既是江苏省加快绿色发展、着力解决海洋生态环境问题的历史使命，也是丰富江苏海洋经济理论研究的重要任务，更是江苏省主动适应经济新常态、加快1+3功能区建设的战略选择。海洋产业生态发展是指海洋产业生产过程中遵循自然规律、把海洋产业的经济发展与生态环境保护结合起来的战略选择。江苏海洋产业生态发展，在遵循一般规律的同时，在未来的发展中需要更加关注现有海洋产业结构的转变与发展动力的转换、关注产业体系内部的协调共生与海洋产业增长韧性的不断提升，让江苏海洋产业成为充满活力与增长韧性的有机体，加快推动江苏省沿海经济带的快速发展。具体而言，海洋产业生态发展主要包括4个指标：一是不断提升海洋经济发展水平，提高海洋生产总值在全省GDP中的比重，促进江苏海洋产业增长率和海洋第三产业比重等指标的快速增长；二是有效降低江苏海洋资源的消耗水平，从单位岸线海洋产业产值、单位面积海水养殖产量、单位面积海盐产量、单位岸线码头货物吞吐量等方面，降低江苏海洋产业发展消耗资源的水平；三是扎实提高海洋环境治理水平，沿海地区各级政府及社会各界通过切实有效的措施，加强海洋环境污染综合治理能力，提高包括工业废水排放达标率、工业污染治理投资额占GDP比重、工业固体废物综合利用率等各项指标；四是切实推动海洋科技发展水平的不断加强，通过内部培养与外部引进相结合的方式，不断提升江苏海洋产业生态发展的能力和潜力，从海洋科研从业人员、海洋科研课题数、海洋发明专利总数、海洋科技论文发表等方面提高江苏省海洋科技水平。

二、江苏省海洋产业生态发展存在问题分析

江苏省沿海开发在给江苏带来巨大经济效益的同时，也存在着海洋环境污染、海洋资源破坏、海洋健康受到影响以及海洋生态系统退化等问题。为实现江苏海洋

经济可持续发展的战略目标，必须着力解决好海洋生态环境问题。

（一）海洋生态环境问题

江苏省沿海区域水质与海洋功能区环境要求存在一定的差距，沿海地区部分排污口排放质量不达标，使得相邻海域海洋环境受到影响，近海养殖业和种植业的原始生态结构遭到破坏，海洋生态群落呈现简单化结构，近岸海域生态系统富营养化趋势明显，生物资源持续衰退，长期处于亚健康状态。2010—2015年中国及江苏海洋质量公报数据显示：江苏海域水质处于清洁与较清洁标准范围的面积正逐年下降，部分区域的水质低于四类海水水质标准。沿海化工园区集聚，港口基础设施和物流作业存在安全隐患，海洋环境污染事件突发的风险逐步加大；随着人工海岸的不断建设，原生态岸线湿地面积逐渐减少，生态平衡功能弱化，一定程度上挤压了珍稀生物的生存空间。

（二）海洋产业结构问题

江苏对海洋经济拉动最大的是海洋船舶业和海洋交通运输业等传统海洋产业。海洋传统产业规模较小、比重过大，海洋渔业养殖、船舶修造、滩涂农牧业占江苏海洋总产值的25%以上，而广东、福建、山东海洋传统产业比重已经下降到17%以下。在海洋新兴产业中，海洋工程装备、海洋生物医药、海水综合利用、海洋新能源等产业发展较快，但是仍然没有形成一定的规模，产业集聚效应低，港口物流等关联产业发展水平不高，海洋旅游资源缺乏成熟的盈利模式，对沿海经济的带动作用不明显，对江苏省海洋经济的贡献率有待进一步提高。江苏省海洋经济中新兴产业优势不突出，企业数量和产业技术仍需要大力提升，形成产业集聚，从而促进海洋经济实力的进一步提升。

（三）海洋科技能力问题

江苏大力实施科技兴海战略，但因海洋科研机构归属不同，部门之间相互协调和整合度较低，总体战略部署难以实施。海洋科技人才匮乏，科技力量分散，涉海教育相对薄弱，不能满足江苏海洋经济快速发展需求；海洋经济发展核心技术自给率较低、海洋科技成果转化率不高，致使江苏海洋经济水平低下，难以形成海洋科技创新服务体系，缺乏核心竞争力产品。2015年，江苏海洋科技贡献率不足50%，产值贡献率较高的港口物流、海洋新能源、海洋生物、航运服务等发展也明显滞后于其他沿海地区。行业管理信息平台没有覆盖所有县级以上的行业管理部门，江苏省沿海三市没有实现海洋经济相关产业信息的互联互通与信息共享化；受科技应用水平的限制，信息技术、物联网和自动化技术在海洋经济管理、港口生产运营中的应用比例也不高。

三、加快江苏省海洋产业生态发展的对策建议

（一）推进传统海洋产业优化升级

一是利用现代科技，大力发展海水特种养殖、工厂化养殖、立体生态养殖，促进海洋船舶修造业集聚集约发展、错位发展。二是建设一批产业配套能力强、市场影响力大、集成创新活力强、创业环境好、辐射带动强的海洋新兴产业基地，逐步把基地打造成为江苏海洋战略性新兴产业发展的引擎和载体。三是建设一批特色鲜明、功能完善、内容丰富的海洋旅游基地，建立海洋文化先行区，探索文化与海洋产业融合发展模式；发挥海洋产业和临海产业的空间布局的新优势。四是全面提升以沿海地区为纵轴、沿江两岸为横轴的"L"型蓝色海洋经济带建设，优化沿海海洋产业布局，拓展沿海地区与长江经济带海洋产业合作空间；构建沿东陇海线海洋经济成长轴和淮河生态经济带海洋经济成长轴，扩大盐城滨海港内陆腹地，拓展江苏省沿海海洋产业支撑能力。

（二）实施海洋产业低碳循环新发展举措

一是统筹近岸开发与远海空间拓展，加强近海海洋资源保护与生态修复，重点发展海水淡化与综合利用产业，开展沿海沿江污水处理能力评估，完善生态化工业生产体系，加大海上污染源控制力度。二是促进现代海洋产业向低碳经济模式方向

发展，大力推行岸电、油改电、油改气、绿色照明等节能减排技术，加快已有项目技术改造步伐，加大对生产污水、扬尘等污染源的治理力度。三是抓住江苏省沿海地区传统产业循环化改造机遇，拉伸海洋产业链条，推动低碳经济的发展；引进适当的竞争机制和激励机制，促进海洋经济系统形成稳定的动态结构。

（三）构建海洋产业生态发展新模式

一是要采取差别化战略，因地制宜地错位发展高新技术产业；客观分析江苏省沿海地区自然资源基础、消费需求等发展潜力，避免低水平的盲目模仿，不能用环境换效益。二是要发展方式与创新机制相结合，发展传统海洋优势产业；加大海洋科技创新的资金与科技力量投入，以科技创新优化产业结构，使传统海洋产业向经济效益和生态效益并重增长方式转变，建设良种化、集约化、生态安全的产业发展模式。三是以产业生态化为抓手，统筹协调和调整区域利益，探索海洋生态补偿新机制；构建国家补偿与市场补偿相结合的、经济与法律制度相结合的、跨区域横向的多层次的生态补偿新机制，提高生态补偿绩效。

（四）打造海洋人才集聚与科技创新平台的新高地

一是加大对海洋科技人才建设的资本投入，积极培养和引进高素质、专业化的海洋科技人才，加强涉海专业教育的投入；有效整合江苏涉海科技力量，加快江苏海洋大学建设步伐。二是深度整合并融合国内外省内外涉海高校、研究机构科技人才，培育以现代数字化技术为重点的智慧产业，建设有江苏特色的海洋创新模式。三是注重区域科技深度合作，以科技成果转化、产品生产为主攻方向，加强与上海、南京等地科研机构技术合作共同开发，海洋科研机构侧重于技术消化吸收与生产环节。四是推进海洋经济重大载体错位发展，充分发挥南通、盐城、连云港三市各自的优势，实现江苏省海洋经济的跨越发展。

（五）加强政府综合生态系统管理

一是构建政府主导、企业主体以及民众监督的民主互动机制，实现海洋经济管理机制由行业分散型向综合协调型转变，推进海洋经济有序健康发展。二是推进有为政府与有效市场相结合，多层面构建生态补偿新协调机制，实现海陆统筹、绿色增长、人海和谐的人口–资源–环境–经济–社会系统的多元惠益。三是促进海洋科技创新驱动海洋产业经济发展。通过实施海洋高新产业发展专项，推进海洋高技术产业基地试点，积极培育海洋精深加工技术和提炼技术人才、海洋法律人才、海洋应用人才、海洋产业经营人才等大批海洋高层次人才，提升产业科技和经营管理水平，促进海洋科技成果的转化，为海洋产业提供强有力的科技支撑。

江苏省海洋经济支柱产业链与产业集群构建研究

一、引言

　　随着人口增长，陆地资源、能源的短缺以及开发空间的缩小，海洋作为全球生命支持系统的地位更加突出。综合开发和深度开发海洋已成为21世纪人类社会、经济、生态环境持续、协调发展的基础保障条件之一。海洋经济是指开发、利用和保护海洋的各类产业活动以及与之相关联活动的总和。发展海洋经济具有重要意义。首先，海洋经济推动对海洋资源和海洋空间的开发和利用，为社会经济发展提供物质来源。其次，海洋资源开发依赖于海洋科学技术的不断创新，使得海洋产业普遍具有高技术特征，以高新技术为背景的海洋产业发展将有助于优化区域经济结构，服务于产业结构调整升级。再次，海洋产业的技术经济联系宽广，对于关联产业具有极强的拉动效应，可以带动涉海区域内诸多行业的发展。

　　综合开发和深度开发海洋首先要发展海洋产业，特别是海洋支柱产业，并以此为中心带动其他涉海相关产业的发展。海洋支柱产业是指一个国家（或地区）在一定时期内，经济发展所依托的重点行业，这些海洋产业在此发展阶段具有广阔的市场前景，技术密度高，经济效益好，形成海洋经济的"龙头"并在海洋产业结构中占有较大的比重，对整个海洋经济发展和其他涉海产业具有强烈的前向拉动或后向推动作用的海洋产业部门。在海洋深度开发和海洋经济纵深发展过程中，科学选择和发展海洋支柱产业是非常必要的，它是适应社会需求结构变化的正确选择，是优化海洋产业结构的重要措施，是提高海洋产业竞争力的有效途径，是沿海地区财政收入的重要来源。

支柱产业链是各个支柱产业部门之间基于一定的技术经济关联，并依据特定的价值链和时空布局关系客观形成的链条式关联关系形态。海洋经济支柱产业链本质上是海洋经济部门之间一个具有某种内在联系的企业群结构和产业群集聚，海洋经济产业链中存在着上下游关系和相互价值的交换，上游环节向下游环节输送产品或服务，下游环节向上游环节反馈信息。一个国家或者地区的竞争优势在于其产业优势，而产业优势根植于产业集群发展，产业集群发展既能够创造良好的竞争环境，又能够提高产业的创新能力。海洋产业集群发展是海洋主导产业链的高度深化的必然结果，需要充分发挥利用好海洋产业技术扩散效应和结构优化效应。

通过定量分析找出海洋经济支柱产业，构建支柱产业链，培育海洋产业集群充分发挥资源优势，带动江苏海洋经济向多元化的现代海洋经济转变，促进形成海洋产业集群发展，将江苏建成海洋经济强省及沿海经济发展示范区是未来江苏海洋经济发展的目标与落脚点。

通过本研究，一方面从产业集群理论角度出发研究海洋经济可以拓展产业集群的研究范围，为海洋产业发展寻找科学出路，推动地方经济结构升级，为江苏海洋经济更好的发展提供理论依据；另一方面有助于明确江苏省沿海各地市在海洋产业链中的功能划分，立足优势产业，实现共赢，通过陆海联动、产业联动加强紧密协作，实现优势互补，促进科学开发利用海洋资源，促进江苏海洋产业、沿海经济持续协调发展，推动海洋经济转型升级和健康发展。

二、江苏省海洋经济支柱产业链与产业集群发展现状

随着我国海洋科技创新能力总体稳步提升，部分关键技术领域取得重大突破，部分涉海装备已处于国际领先水平，使得海洋开发不断向纵深扩展，海洋资源开发

能力显著提高。全国海洋经济发展总体势头良好，部分海洋产业领域进展突出，海洋经济结构已进入加速调整期。

据初步核算，2016年全国海洋经济生产总值近70 507亿元，海洋生产总值占国内生产总值的9.48%（见表2-2）。海洋第一产业增加值3 566亿元，第二产业增加值28 488亿元，第三产业增加值38 453亿元，海洋第一、第二、第三产业增加值占海洋生产总值的比重分别为5.1%、40.4%和54.5%。

（一）江苏省海洋经济发展概况

江苏省作为一个沿海地区，是一个经济大省，也是海洋大省，全省海岸线长954 km，海域面积3.75×10^4 km^2，沿海滩涂50×10^4 hm^2，占全国海滩涂面积的1/4。2009年以来，江苏省围绕建设海洋强省的目标，坚持陆海统筹、江海联动，加快实施沿海开发战略，全面加强海洋开发管理和保护工作，海洋经济综合实力显著增强，海洋经济在全省经济社会中的地位和作用日益凸显[1]，也成为全省经济发展的一个突出特点。

2009—2016年，江苏省加快调整优化海洋产业的空间布局，推进海洋经济快速发展；根据表2-2数据看出，全省海洋生产总值（GOP）由2009年的2 717.4亿元上升到2016年的6 493.5亿元，年均增长13.3%，高出同期全省国内生产总值（GDP）年均增幅的1.3个百分点[2]，GOP占GDP的比重由7.89%上升到8.53%。在江苏海洋经济发展过程中，具有显著特色：江苏是一个外向型特色非常明显的省份，两头在外，海洋的优势产业在国内具有重要的影响力。其中：沿海沿江的亿吨大港数量、货物吞吐量均居全国第一；船舶工业三大主要指标造船完工量，新船承接订单量和

1　海洋经济和沿海经济是具有不同内涵的两个概念，两者之间既相互交叉又有所区别。本质上而言，海洋经济是一个行业的概念，沿海经济是一个区域的概念。海洋经济以产业为纽带，是开发、利用和保护海洋的各类产业活动以及与之相关联活动的总和，在空间分布上并不局限于沿海地区。沿海经济具有显著的区域经济特点。从全国来看，沿海经济通常是指拥有海岸线的省份所有经济活动的总和；从沿海省份来看，通常是指拥有海岸线的地级市所有经济活动的总和。具体从江苏省而言，江苏海洋经济包含江苏省沿海经济（南通、盐城、连云港3个地市），而且包含江苏沿江地区（南京、镇江、常州、扬州、泰州、南通6个地市），江苏海洋经济空间布局是沿海沿江"L"型。

2　江苏省国内生产总值2009年为34 457.3亿元，2016年为76 086.2亿元，7年间年均增长率为12.0%。

手持订单量连续多年稳居全国榜首；海洋工程装备产业规模在全国也是名列前茅，海上风电并网容量全国第一。江苏省以海洋渔业、海洋交通运输、海洋化工、海洋工程装备、海洋生物、海洋药物、海洋电力等为优势的海洋主导产业和海洋相关产业取得令人瞩目的成绩。

表2-2　江苏省和全国2001—2016年海洋生产总值、比重及其构成比较

年份	GOP（亿元）		GOP占GDP比重（%）		江苏省GOP占全国GOP比重（%）
	江苏省	全国	江苏省	全国	
2001	172.0	9 518.4	1.80	8.68	1.81
2002	221.5	11 270.5	2.10	9.37	1.97
2003	453.6	11 952.3	3.70	8.80	3.80
2004	565.2	14 662.0	3.80	9.17	3.85
2005	739.6	17 655.6	4.00	9.64	4.19
2006	1 287.0	21 260.4	5.90	10.03	6.05
2007	1 873.5	25 073.0	7.30	9.74	7.47
2008	2 114.5	29 718.0	7.00	9.46	7.12
2009	2 717.4	32 277.6	7.89	9.47	8.42
2010	3 241.0	39 572.2	7.90	9.81	8.53
2011	3 900.0	45 570.0	7.94	10.40	8.56
2012	4 700.0	50 087.0	8.69	9.60	9.38
2013	5 180.0	54 313.0	8.76	9.50	9.54
2014	5 560.0	59 936.0	9.16	9.45	9.94
2015	5 820.2	64 669.0	8.30	9.60	9.00
2016	6 493.5	70 507.0	8.53	9.48	9.21

数据来源：历年《中国海洋统计年鉴》《中国统计年鉴》《中华人民共和国2016年国民经济和社会发展统计公报》《2016年中国海洋经济统计公报》。以上数据经过作者计算整理得到。

据不完全统计，2016年江苏全省海洋生产总值为6 493.5亿元，海洋生产总值占地区生产总值的9.1%。其中，海洋产业增加值3 392.7亿元，海洋相关产业增加值3 101.8亿元。海洋第一、第二、第三产业增加值占海洋生产总值的比重分别为4.4%、47.5%和48.2%。从主要产业发展情况看，江苏省海洋产业总体保持稳步增长。其中，主要海洋产业增加值2 260.5亿元，海洋科研教育管理服务业增加值1 131.2亿元。

从主要海洋产业而言，海洋渔业继续保持平稳发展态势，远洋渔业取得迅猛发展，全省近50艘远洋渔船捕获的深海各类水产品约3.5×10^4 t。全省造船完工量为2 000万载重吨。海水淡化和综合利用产业取得较快发展，海水直接利用量持续增加，发展环境持续向好。江苏省沿海地区的风装机容量达到400×10^4 kW，其中，海上风电装机容量达到50×10^4 kW，规模居全国首位。沿海港口生产总体平稳，货物吞吐量达到19×10^8 t，集装箱吞吐量达到$1 900 \times 10^4$ TEU。海洋工程装备作为江苏海洋经济主导产业和支柱产业之一，产品数量和产值占全国的1/3，产品类型覆盖了从浅海到深海、从油气平台到海洋工程船舶的各种类型，江苏海洋工程装备主要分布在沿江、南通、盐城，在江苏海洋经济中占有十分重要的地位，是江苏省海洋经济的鲜明特色。

从横向上对比而言（见表2-3），江苏省海洋经济发展水平在全国沿海地区中基本保持在第5～6名，与海洋经济强省广东、山东、上海相比，还有较大差距。海洋工程装备、海洋新能源、海洋交通运输、海洋生物医药业等海洋优势产业发展水平位居全国前列。但是海洋渔业、滨海旅游、海洋交通运输业、海水利用业等海洋产业与其他沿海省份相比显得稍弱。

表2-3　2009—2016年中国沿海地区海洋生产总值

单位：亿元

地区	2009年	2010年	2011年	2012年	2013年	2014年	2015年	2016年
天津	2 158.1	3 021.5	3 519.3	3 939.2	4 554.1	5 032.2	5 361.3	5 845.3
河北	922.9	1 152.9	1 451.4	1 622	1 741.8	2 051.7	2 185.9	2 383.2
辽宁	2 281.2	2 619.6	3 345.5	3 391.7	3 741.9	3 917	4 173.2	4 549.9
上海	4 204.5	5 224.5	5 618.5	5 946.3	6 305.7	6 249	6 657.7	7 258.7
江苏	2 717.4	3 550.9	4 253.1	4 722.9	4 921.1	5 590.2	6 406.0	6 493.5
浙江	3 392.6	3 883.5	4 536.8	4 947.5	5 257.9	5 437.7	5 793.3	6 316.3
福建	3 202.9	3 682.9	4 284	4 482.8	5 028	5 980.2	6 371.3	6 946.5
山东	5 820	7 074.5	8 029	8 972.1	9 696.2	11 288	12 026.3	13 111.9
广东	6 661	8 253.7	9 191.1	10 506.6	11 283.6	13 229.8	14 095.1	15 367.5
广西	443.8	548.7	613.8	761	899.4	1 021.2	1 088.0	1 186.2
海南	473.3	560	653.5	752.9	883.5	902.1	961.1	1 047.9

数据来源：历年《中国海洋统计年鉴》《2016年中国海洋经济统计公报》。

从海洋产业发展趋势而言（见表2-4），2016年全国海洋产业发展主要以传统海洋产业和新兴海洋产业为主，海洋渔业、海洋交通运输业、海洋工程建筑业等传统资源和劳动密集型产业面临更加严峻的绿色发展挑战，而具有物质资源消耗低、成长潜力大、综合效益好等特征的新兴海洋产业、未来海洋产业逐步显示出其成长性。在传统海洋产业保持较高比重和增长的同时，战略性新兴海洋产业和未来产业的发展显示出持续强劲态势。在"十三五"期间，围绕海洋经济提质增效，要大力培育和发展新兴海洋产业和未来海洋产业，逐步将海洋经济增长点从传统海洋产业转向新兴海洋产业和未来海洋产业，积极推动传统海洋产业的技术升级转化，加快海洋经济绿色转型步伐。

表2-4　2016年全国与江苏省海洋经济发展对比

指标	产业趋势[1]	增加值（亿元）	占比（%）	海洋产业主导部门排序	
				全国	江苏省
海洋生产总值		70 507	NA[2]	NA	NA
A. 海洋产业		43 283	61.4	NA	NA
A.1 主要海洋产业		28 646	66.2	NA	NA
滨海旅游业	新兴	12 047	42.05	1	1
海洋交通运输业	传统	6 004	20.96	2	
海洋渔业	传统新兴	4 641	16.20	3	2
海洋工程建筑业	传统新兴	2 172	7.58	4	
海洋船舶工业	新兴	1 312	4.58	5	
海洋化工业	新兴	1 017	3.55	6	
海洋油气业	新兴	869	3.03	7	
海洋生物医药业	未来	336	1.17	8	
海洋电力业	未来	126	0.44	9	
海洋矿业	新兴未来	69	0.24	11	NA
海洋盐业	传统	39	0.14	10	
海水利用业	未来	15	0.05	12	
A.2 海洋科研教育管理服务业		14 637	33.8	NA	NA
B. 海洋相关产业		27 224	38.6	NA	NA

注：1. 从海洋产业技术发展层次而言，可以将12个主要海洋产业划分为传统海洋产业、新兴海洋产业和未来海洋产业三大类。其中：传统海洋产业（traditional marine industry），主要包括海洋渔业（海洋捕捞业）、海洋盐业和海洋交通运输业等组成的生产和服务行业；新兴海洋产业（newly emerging marine industry）是20世纪60年代以来发展起来的海洋生产和服务行业，主要包括海洋油气业、海洋渔业（海水养殖业）、滨海旅游业、海洋矿业（海滨采矿业）和海洋船舶工业（沿海造船业）等；未来海洋产业（future marine industry），相对现有海洋产业，虽然目前还未形成生产规模，但已初见端倪，且具有良好发展前景的海洋生产和服务行业，主要包括海洋矿业（深海采矿业）、海水利用业（海水直接利用业、海水淡化业）、海洋电力业（海洋能利用业）和海洋生物医药业等。

2. NA=不可用或缺省

江苏省沿海三市南通、盐城、连云港是江苏海洋经济的主力军，海洋经济总量约占到全省海洋生产总值的一半以上。据不完全统计，2016年，全省沿海三市海洋生产总值约3 600亿元，其中，南通市1 800亿元，盐城市1 000亿元，连云港市800亿元。

三、江苏省海洋经济支柱产业链与产业集群发展问题

（一）海洋经济总量规模偏小

2016年江苏省海洋生产总值为6 493.5亿元，在全国11个沿海省市区中排名第五位，海洋生产总值占地区生产总值的9.1%，低于全国平均水平。与传统海洋经济强省广东、山东相比，差距比较大。

（二）海洋产业层次相对不高

从海洋产业增加值而言，江苏海洋经济主要集中在滨海旅游、海洋交通运输业、海洋渔业、海洋船舶工业、海洋工程建筑业等传统和新兴海洋产业。虽然海洋生物医药业、海洋电力业、海水利用业等新兴和未来海洋产业有较大发展，但与其他沿海省市区相比，也存在一定差距。

（三）港口布局相对分散无序

江苏是港口大省，据不完全统计，全国53个主要港口中江苏有7个、沿海25个主要港口中江苏有5个，这在客观上形成了江苏省沿海沿江港口之间运输业务、港口建设等方面的无序竞争，没有发挥港口协同效应。需要重点建设以连云港港、南京港、镇江港、苏州港、南通港为主要港口，扬州港、无锡（江阴）港、泰州港、常州港、盐城港为地区性重要港口的江苏省沿海沿江分工合作、协调发展的现代化港口群发展格局。

（四）海洋科技人才相对薄弱

总体而言，江苏海洋科技投入相对不足，海洋科技创新成果少，海洋科技研发

及成果转化能力较弱，海洋科技发展对海洋的支撑作用没有完全体现，海洋科技力量分散，海洋科技创新短板亟待弥补；海洋人才培养、引进质量和数量与江苏海洋经济发展水平和增长势头不匹配。

江苏省沿海地区现正处于海洋产业转型升级的关键时期，正是科技发挥作用的好时机，然而在海洋高科技产业发展方面却相对落后于浙江和山东两省。比如，海洋渔业深加工发展规模不足，产业链不完善，水产品加工附加值低；海洋生物医药业主要集中在盐城、南通，其他沿海沿江地区发展相对较弱，从中国十大海洋生物医药企业排名来看，基本集中在山东、浙江两省，江苏只有1个企业入围。海洋科技投入、人才不足将不利于江苏省支柱性产业集群的形成和壮大，不利于海洋经济的转型升级。

（五）海洋经济竞争趋于加剧

在当前及今后一段时间，全国沿海各省市尤其是以天津滨海新区、南通、舟山、福州、厦门、青岛、烟台、湛江、秦皇岛、上海浦东新区、宁波、威海、深圳、北海、海口15个海洋经济创新发展示范城市，山东、浙江、广东、福建、天津5个海洋经济发展示范区掀起新一轮海洋经济竞争氛围，江苏省海洋科技人才的"洼地崛起"的紧迫感进一步增强，为江苏在更高层次、更大范围集聚海洋高端创新要素带来不利条件，从而不利于有效弥补加快海洋经济发展的基础设施、科技创新、港城建设等短板。

四、江苏省海洋经济支柱产业链与产业集群发展思路

（一）战略定位和总体思路

1.战略定位

全面贯彻党的十八大精神，主动适应并引领海洋经济发展新常态，紧紧围绕"四个全面"战略布局，树立"创新、协调、绿色、开放、共享"五大发展理念，

以构建现代海洋产业体系为重点，以海洋科技创新为支撑，以海洋支柱产业集群发展为导向，以海洋产业高端人才为保障，打造若干个在全国具有影响力的海洋先进制造业基地、海洋支柱产业集群发展示范区，为江苏海洋经济强省战略打下坚实的产业基础。

2. 总体思路

在海洋强国战略上升为国家战略的新形势下，江苏省紧紧抓住"一带一路"建设以及江苏省沿海开发、长江经济带建设、"长三角"一体化等多重国家战略实施机遇，围绕江苏省沿海、沿江两大海洋经济核心区，加快建设"L"型经济带，集中力量发展产业基础良好、产业链带动力强、产业纵深可延展的若干关键性海洋支柱产业，培育或引进一批与海洋产业关联度高、核心竞争优势明显、有产业影响力的大中型骨干企业进驻，建成若干个全国海洋先进制造业基地，逐渐构建现代海洋产业体系、拥有主导产业与核心企业的海洋经济体系，初步建成海洋经济强省，海洋经济综合实力和竞争力位居全国前列。

（1）实施陆海统筹，江海联动。开发和保护并重，大力发展涉海经济，以"陆海一体化"的战略眼光整体谋划海洋经济发展和海洋产业布局，更加注重海洋生态环境保护和海洋资源的合理开发利用，实现海洋经济的可持续发展。江苏主动融入国家"一带一路"建设以及"长江经济带""沿海开发"重大发展战略，深化陆海统筹，促进江海联动，着力提升以江苏省沿海地带为纵轴、沿长江两岸为横轴的"L"型海洋经济带发展能级，优化海洋产业空间，推进港产城一体化发展，初步形成海洋生产力空间分布格局优化互补。

（2）实施创新驱动，科技兴海。实施科技兴海战略，以全球化视野配置国际海洋资源，构建有利于海洋经济创新发展的体制和机制，有效集聚海洋创新资源要素，进一步强化创新在海洋经济发展中的主引擎作用，实现海洋产业的开放创新式发展；以科技创新为引领，优化创新生态，加强海洋科技自主创新，加大海洋创新载体和公共平台建设，提高海洋科技研发和成果转化能力。加快形成初具规模和较为完备的现代海洋产业体系，走出一条质量更高、效益更好、结构更优、优势充分释放的海洋经济创新发展新路。

（3）开放带动，合作共赢。积极参与国家和江苏区域涉海领域合作，深度融入海洋产业链、价值链、创新链，更好利用两个市场、两种资源，在全面扩大开放中拓展江苏海洋经济发展新空间。

（4）市场主导和重点突破。以企业为主体，加大政府引导，推动社会资本积极参与海洋经济建设；加快海洋资源的市场化改革，发挥市场对海洋资源配置的基础性作用。集中力量发展基础条件较好、技术条件成熟、成长潜力大、产业关联度高的海洋产业领域；继续加快发展海洋船舶工业、海洋工程建筑业、海洋交通运输业、海洋化工业、海洋生物医药业等海洋产业，构建具有较强国内、国际竞争力优势的现代海洋支柱产业群。

（二）发展目标

未来5年，总体上江苏海洋经济综合实力和竞争力位居全国前列，初步建成海洋经济强省。从国民经济战略地位和重要性而言，海洋经济在全省经济中的比重显著提高，现代海洋产业体系基本形成。从产业结构优化升级而言，海洋产业结构显著优化，新兴海洋产业和未来海洋产业增加值比重明显提升。从产业空间布局而言，海洋产业空间布局更加科学合理，初步建成若干个在全国具有影响力和竞争力的海洋支柱产业链集群。从海洋科技创新而言，海洋科技进步贡献率显著提高，海洋科技创新体系逐步完善。具体目标如下。

海洋经济总量稳定增长。2016年江苏省海洋生产总值约为6 493.5亿元，海洋生产总值年均增长率按照8%估算，到2021年，海洋生产总值预估为9 541亿元，取整估算达到1万亿元，占全省国内生产总值的比重达12%左右。

海洋产业结构更加优化。到2021年，海洋第三产业增加值占海洋生产总值的比重达到55%左右，未来海洋产业增加值占主要海洋产业增加值的比重达到10%左右。

海洋支柱产业链集群发展建设取得突破。初步建成以支柱产业链基地、产业园区和海洋经济创新示范区为载体的海洋产业集群发展模式。江苏省沿海沿江L型产业带在全国沿海经济发展战略地位和作用效应显著提升。沿海北部建成海洋交通运输业、海洋渔业、海洋化工业、滨海旅游业等支柱产业链基地；沿海中部建成海洋生物医药业、海水利用业等支柱产业链基地；沿海南部和沿江地区建成海洋船舶工业、海洋交通运输业、滨海旅游业等支柱产业链基地。

（三）重点内容

1. 以沿海经济带为重点轴线，沿江经济带为腹地轴线，打造"L"型海洋经济带

重点发展沿海经济带。依托丰富的海洋资源、较好的产业基础以及港产城联动优势，建成滨海旅游业、海洋交通运输业、海洋渔业、海洋生物医药业、海洋电力业五大海洋产业链基地；积极发展海洋化工业、海水利用业等海洋产业。沿江经济带主要建成滨海旅游业、海洋交通运输业、海洋工程建筑业、海洋船舶工业等海洋产业链基地。以陆海统筹战略优化江苏省沿海地区与陆域腹地各种资源要素配置，引导资本、人才、技术等生产要素向沿海沿江地区流动。推进港产城联动发展，建设以南通、盐城、连云港三大区域性海滨中心城市，以沿海综合交通通道为枢纽、临海城镇为节点的江苏省沿海城镇带。

发挥沿江经济带腹地轴线作用，打造"L"型海洋经济带（见图2-1）。积极发挥南京、苏州、南通、泰州、常州、镇江、扬州等沿江地区的沿江经济带腹地轴线作用。整合沿江港口资源，建成海洋交通运输业产业链基地，与沿海地区形成分工协作的海洋交通运输格局。推动海洋船舶、海工装备等优势产业转型升级，建设海洋船舶产业链基地和先进制造业集聚区。

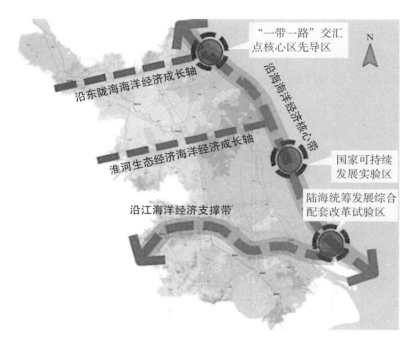

图2-1 江苏"L"型海洋经济带

资料来源：http://js.people.com.cn/GB/n2/2017/0226/c360301-29768376.html

2.发展现代海洋产业，构建江苏海洋支柱产业链集群

发展现代海洋产业，构建江苏海洋支柱产业链基地主要从四个方面展开：一是培育和壮大海洋新兴产业；二是转型和升级海洋传统产业；三是拓展和提升海洋服务业；四是自主设立江苏海洋综合管理示范区。

第一，进一步培育和壮大海洋装备制造业、海洋生物医药业、海洋电力业、海水利用业等海洋新兴产业向高端化、产业链化、基地化发展。

海洋装备制造业重点发展高端海洋工程装备制造业。以南通、镇江、盐城海洋工程船舶和装备制造业基地为载体，着力提升高端海洋工程装备研发设计和建造技术，提高总装建造能力。

海洋生物医药产业重点发展海洋药物和生物制品业（见图2-2）。重点支持和加快发展以抗菌、抗病毒、降血糖为主要功能的健康安全的海洋创新药物；支持以多肽、壳聚糖、海藻多糖、药物酶、海洋渔用疫苗等绿色、安全、高效的海洋生物功能制品和海洋功能食品的研发和产业化；加快发展海洋生物来源的海洋功能材料、海洋药用辅料等海洋生物材料产品的研发及产业化；初步形成较为完整的海洋药物和生物制品产业链条。

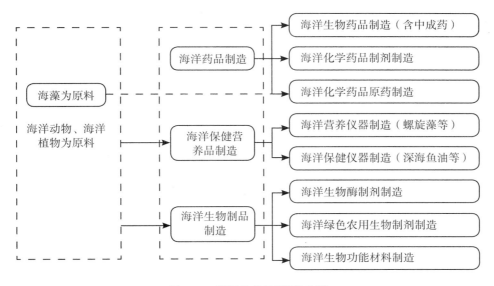

图2-2　海洋生物医药产业链

海洋电力业重点发展离岸海洋风能。利用江苏省沿海丰富的风能资源，加快发展大中型以风能、太阳能等新能源，以盐城国家海上风电产业园为主要载体，以海洋风能关键技术为切入点，加快形成集海洋风能研发、制造、装备、应用与配套服务于一体的海洋风能全产业链，建设成为国家级海洋风能开发应用示范基地。

海水利用业重点发展海水淡化与综合利用业。积极开发海水淡化工程高效节能成套设备和海水综合利用设备，构建海水淡化设备的研发设计、生产装备、应用和配套服务于一体的海水淡化全产业链，努力建设海水淡化装备制造基地。继续推动海水化学资源高值化利用，加快海水提取钾、溴、镁等系列化产品开发，并率先在全国形成海水综合利用示范基地。

第二，进一步优化和提升海洋渔业、海洋船舶工业、海洋交通运输业、海洋化工业等海洋传统产业向高级化、集群化、高附加值化发展。

海洋渔业重点是加快发展现代渔业，推进高效设施渔业和浅海开发（图2-3）。

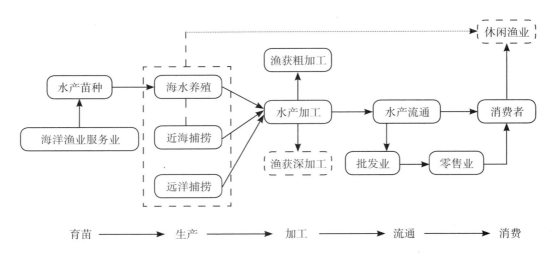

图2-3　海洋渔业全产业链

（1）以海州湾渔场、海州湾海洋牧场为载体，大力发展工厂化循环水养殖和网箱养殖，加快海洋渔业资源保护修复、良种繁育、养殖、提升海水产品精深加工和冷链仓储能力，打造现代渔业全产业链，推动海洋渔业集约化、高端化发展，打造江苏"海上粮仓"。

（2）全面推进渔业结构优化和转型升级，培育建设国家级海洋渔获产品加工贸易集散中心。持续推动海洋渔业转型发展。加快调整现代海洋渔业产业结构，实行"捕捞–精养–深加工"三位一体的产业链发展模式，促进海洋渔业可持续发展。

（3）开展海洋水产品标准化健康养殖，加强海洋水产品主导产品良种培育和原种保护。增强近海养殖等方面的技术革新投入，发展近海网箱养殖业和海水养殖苗种培育业。

（4）改善海洋捕捞作业结构，通过远洋船舶技术改造、实施海上信息化等多种形式，提升渔业装备技术水平，推进远洋渔业发展，提高外海和远洋捕捞渔获量。

（5）基于产业集群式和产业链式模式布局，提升海产品精加工和深加工行业的集约化水平，重点推进海门南极磷虾产业园、海峡两岸（射阳）渔业合作示范区等项目建设。

（6）通过多种举措，强化江苏省渔业的行业竞争优势，实现海洋渔业由偏重捕捞+养殖的单一模式，转型为集成捕捞、养殖、加工、销售等增值环节的价值链式发展。

海洋船舶工业重点是加快海洋船舶工业转型升级，培育和发展海洋高端船舶工业。

（1）通过产业链协同创新和产业孵化集聚创新，促进海洋船舶企业兼并重组与转型转产，以军民船舶装备科研生产融合发展为契机，提升节能环保型新型散货船、超大型集装箱船、LNG船、邮轮游艇等海洋高端船舶设计、开发、建造能力和水平，引导和支持重点骨干企业建设在国内具有影响力的研发中心。推动船舶龙头企业规模化专业化发展，促进海洋船舶工业向中高端转型升级，向系统集成化、智能化、模块化转变，建成"长三角"地区重要的先进海洋造船基地。

（2）整合提升海洋船舶工业。重点发展海洋工程装备制造业。依托南通经济开发区海洋工程船舶及重装备制造产业基地、崇川区船舶及海洋工程产业基地、通州船舶海洋工程基地、启东船舶海洋工程产业基地、如皋船舶海洋工程及配套产业基地、镇江特种船舶及海洋工程装备特色产业基地、东台海洋工程特种装备产业园等载体，积极发展海洋工程总承包和专业化服务，提高海工装备总装集成能力。

（3）鼓励船舶行业兼并重组，推动船舶龙头企业规模化专业化发展，推动低附加值的普通散货船制造和污染型船舶制造去产能。加快开展节能环保型新型散货船、超大型集装箱船、大型液化天然气（LNG）船、液化石油气（LPG）船、邮轮游艇等高技术船型的研发建造。

海洋交通运输业重点是加快形成江苏省沿海沿江分工合作、协调发展的现代化航运服务港口群发展格局（见图2-4）。

（1）优化近远洋航线与运力结构，提高集装箱班轮运输国际竞争力。明确定位并强化主要港口枢纽功能，重点建设以连云港港（区域性国际枢纽港、集装箱干线港）、南通港、南京港、镇江港、苏州港为主要港口，扬州港、无锡（江阴）港、泰州港、常州港、盐城港为地区性重要港口的分工合作、协调发展的现代化港口群发展格局，努力打造"一带一路"核心区交汇点和长江经济带重要战略支点。

（2）继续发展海洋交通运输业。优化近远洋航线与运力结构，提升全省海运国际竞争力和水运国内竞争力。利用江苏省沿海绵长海岸线和优良港口条件，以连云港港、南通港、南京港等沿海、沿江主要港口为主枢纽，加快形成分工合作、协调发展的港口物流发展格局。以港口、高铁站、机场为纽带，构建起海运、铁路、航空和管道的立体式、综合型运输体系，带动江苏省的海洋运输业和现代物流业的多维立体滚动式发展。

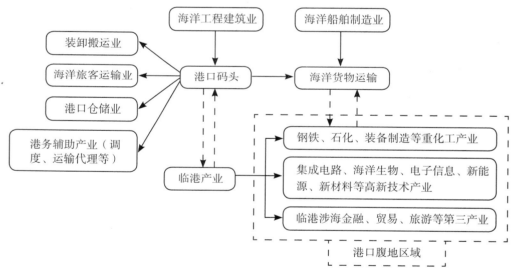

图2-4 海洋交通运输产业链

海洋化工业重点优先发展临海石化工业（见图2-5）。

（1）优先发展海洋化工产业。突出海洋化工产业在江苏省海洋产业体系中的主导地位。大力发展海洋重化工业以及相关配套产业，一方面进一步优化江苏海洋产业结构，加速全省的海洋工业化进程，带动江苏省沿海地区经济的快速增长；

另一方面，通过海洋工业化带动其他临海产业的发展。有序推进、承接沿江石化优质过剩产能向沿海（主要是连云港）地区转移，加快建成国家级连云港石化产业基地，以炼油、乙烯、芳烃一体化为基础，以多元化原料加工为补充，以清洁能源、有机原料和合成材料为主体，以化工新材料和精细化工为特色，形成多产品链、多产品集群的大型炼化一体化基地，满足"长三角"地区和中西部地区对石化产品及原料需求，成为带动江苏省沿海地区、"长三角"和新亚欧大陆桥沿线区域相关产业及经济发展的能源和原材料产业基地。

（2）以连云港徐圩世界级石化基地为主要产业承载地，依托大丰港、洋口港等为临海重化工业布局载体，加快苏南、沿江重化工向江苏省沿海地区转移，形成以清洁油品、三大合成材料、化工新材料、高端有机化工原料、精细化学品、盐化工等多元化产品在内的临海化工产业链群，初步实现临海石化产业布局集约化、单体企业规模化、炼化一体化、生产绿色化、产品高附加值化。

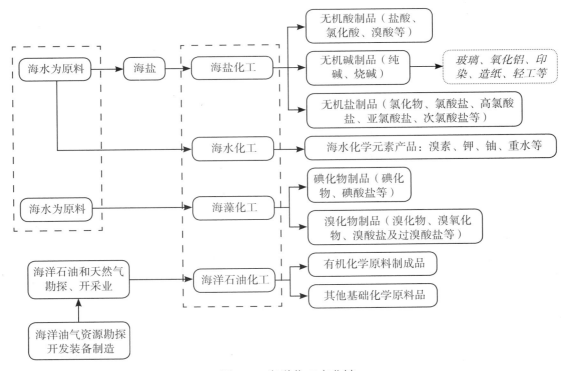

图2-5　海洋化工产业链

第三，进一步拓展和提升以海洋旅游业、航运服务业、涉海金融服务业等海洋服务业向现代化、服务化、高附加值化发展。

海洋旅游业重点打造沿海旅游轴和"一带一路"交汇点的重要旅游节点。

（1）加快发展滨海旅游业。滨海旅游业是综合性服务产业，是拉动地区经济发展的重要动力。充分发挥滨海旅游业在江苏省沿海沿江地区经济社会发展中的综合带动作用，借大众旅游时代的东风，充分利用丰富的滨海旅游资源，打造以南通、盐城、连云港、南京、镇江等旅游增长极，沿海生态旅游带、长江名城旅游带两大旅游增长轴的旅游发展新格局。

（2）依托连云港秦山岛、滨海月亮湾、南通通州湾、启东吕四渔港等优质滨海、海岛旅游资源，发展"海滨+海岛"复合旅游模式，不断丰富和创新滨海旅游的内涵与外延，打造特色鲜明的滨海休闲旅游产品，把江苏省建设成为全国一流的集滨海度假、游乐体验于一体的"海滨+海岛"国家级滨海度假休闲旅游胜地。

（3）重点建设以国家级海洋公园、国家级自然保护区、海洋主题公园、滨海旅游度假区为载体的，观光、度假、休闲、娱乐、海上运动等多种旅游产品于一体的滨海生态旅游，形成以连盐通为主、江海联动的海洋旅游发展格局。连云港和南通加快发展游艇经济，推进游艇码头建设。

（4）依托丰富多彩的长江景观带，实施水陆联动、城江呼应的旅游开发方式，加快形成以沿海为主、江海联动的海洋旅游发展格局。构建"山、海、城、港"互融互动的滨海旅游新格局，打造"一带一路"交汇点的重要旅游节点和沿海沿江生态旅游带。

航运服务业重点发展区域性国际枢纽港连云港。以区域性国际枢纽港连云港为核心、以江苏港口集团为载体，加快连云港航运服务业中心建设，提升区域性国际枢纽港连云港的航运、贸易、金融、信息、承接功能，从而主动、有效地融入"一带一路"交汇点核心区建设和上合组织出海基地建设。

涉海金融服务业重点发展多层次、广覆盖的海洋经济金融服务体系。创新性发展以海域使用权为抵押品的涉海金融产品，为海洋实体经济提供直接融资服务。鼓励多元投资主体进入海洋新兴产业，在海洋装备制造业、海洋生物医药业、海洋电力业、海水利用业等海洋产业中设立海洋产业投资基金，发挥金融在海洋经济发展中的支持、引领作用。

第四，依据"一带一路"核心区交汇点，设立江苏海洋综合管理示范区，培育和建设连云港国家级海洋中心城市。

按照"陆海统筹和江海联动发展先行区"，树立海洋经济全省布局观，充分发挥连云港"一带一路"核心区交汇点功能定位，以率先培育和建设国家级海洋中心城市为目标，争先实施"海洋强省"战略，为江苏省沿海地区陆海统筹发展积累经验。

加速集聚海洋创新要素，着力增强海洋教育和科技研发功能，扩大海洋科研资金投入，加强海洋前瞻性、关键性技术研发，提高海洋科技水平，培育海洋化工业、海洋生物医药业、海水利用业、海洋电力业等海洋产业，鼓励发展涉海龙头企业、科技型涉海中小企业、众创型涉海小微企业，打造一批特色鲜明、竞争优势突出的涉海企业集群，最终逐步形成以新兴和未来海洋产业为核心的新兴海洋产业群，促进江苏省主要海洋产业结构升级，从而占据海洋产业升级制高点。

围绕海洋产业政策、海域资源配置、海洋产业体系、海洋产业布局、海洋科技创新，从深化海洋经济改革、促进沿海经济创新发展，推进海洋产业升级、建成现代海洋产业体系、优化海洋产业布局、构建沿海经济核心圈层等方面科学统筹海洋开发与保护，提升海洋产业层次，加快发展现代海洋经济，促进海洋经济结构转型，形成陆海统筹、人海和谐的海洋发展新格局，把连云港和江苏省沿海经济带分别建设成为我国东部地区重要的经济增长极和增长轴。

五、江苏省海洋经济支柱产业链与产业集群发展对策

（一）组织领导统筹：发挥政府统筹协调机制作用

1. 完善组织领导和协调机制

在海洋产业集群发展过程中，发挥涉海产业主管部门的引导和激励机制作用。

江苏省拥有丰富的滩涂资源、生物资源、港口资源和海洋能资源。加强陆海统筹和海域综合管理，切实发挥海洋功能区划在涉海规划中的引领性、约束性、基石性作用，江苏省沿海沿江地区根据《江苏省"十三五"海洋经济发展规划》《江苏省海洋功能区划》，加强本地区海洋经济发展规划与海洋主体功能区规划的有序衔接，实现合理利用和科学配置海洋资源，合理布局海洋产业用海空间，稳定和改善海洋环境质量，在总体要求上海洋产业发展指向一致、海洋产业空间配置上相互协调，防止盲目建设和无序竞争。

在海洋经济发展中，市场机制由于受到垄断、外部性、公共产品和信息不完全等因素的影响，使市场本身存在一些缺陷，主要表现为：海洋经济所依托的海洋资源、长江资源是公共资源，具有非排他性和非竞争性特征，容易导致江海资源过度利用或导致沿海沿江的污染物排放超标。

与此同时，现代海洋经济技术密集、投资额度大、项目周期长、不可控因素多，蕴含高度的市场风险，无法完全依靠市场机制推动。在海洋经济发展中综合运用市场运行机制和政府调节机制，坚持市场主导与政府调控相结合。充分发挥市场对海洋资源配置的基础性作用，在政府产业部门宏观调控下，以《江苏省海洋产业发展指导目录》为导向，积极培育和发展产品、资本、劳动力及其他生产要素市场，促进高端要素加快海洋开发，完善海洋开发市场运行机制。加强政府宏观调控，维护江苏省沿海沿江地区海洋开发利用秩序，为江苏省海洋经济发展营造良好的政策环境和体制环境。

2. 推进产业政策和措施落地

配强配实海洋管理力量，建立健全涉海相关部门的联合会商机制，统筹推进集监管立体化、执法规范化、管理信息化、反应快速化于一体的现代海洋管理体系建设，增强海洋行政管理效能。各级海洋行政主管部门要根据本规划的总体部署，分解目标任务，明确责任主体，细化工作举措，层层抓好落实，全力推进重点建设工程和重大政策措施落地。加强规划实施的跟踪监督和考核评估，提高规划的约束效率和实施效率。

（二）体制机制创新：发挥市场基础配置资源作用

市场经济条件下，市场在资源和各类要素配置中起基础性作用。市场机制是海洋经济发展的内在机制，完善的市场机制可以通过价格机制、竞争机制、供求机制、利益机制引导海洋经济运行主体的行为，调节海陆资源配置的运作机理、过程和方式。

进一步打破行业垄断，允许民营企业进入涉海行业，为不同规模、不同所有制企业创造公平竞争的市场环境和宽松的发展氛围，实现由政策优势、区位优势向服务优势、环境优势的转变，不断探索和创新加快发展海洋经济的体制和机制。

（三）重点对策措施和建议

1. 发挥财政金融的支持引导

强化财税政策支持，优化财政资金引导机制，综合运用税费减免、财政补贴、贷款贴息、风险补偿等手段，充分发挥财政资金杠杆作用，进一步加大财政对构成海洋支柱产业链的企业、支柱产业集群发展的空间布局的企业的引导性投入。

完善多元投入机制，加强与金融机构协作，加大金融服务创新力度，鼓励社会资本以独资、合资、股份制、PPP等形式进入海洋产业集群发展的海洋产业中，实现投资主体多元化。

积极培育发展涉海金融服务、海洋信息服务等海洋经济新产业、新业态，打造海洋经济新增长点。引导发展涉海金融服务业。创新海洋特色金融发展机制，发展船舶融资租赁、航运保险等非银行金融产品，开发服务海洋经济发展的金融保险产品。创新海域使用权抵押融资，鼓励条件成熟的地区创建地区性海洋产权交易平台。鼓励成立涉海融资租赁公司，建设江苏省沿海地区海洋融资租赁中心。发展海洋产业投资基金、创投基金、天使基金、成果转化基金等海洋投资基金，打造江苏海洋特色金融创新发展示范区。

2. 推进对内对外合作共赢

对接全省对外开放新格局，积极融入国家区域经济发展总体布局特别是"长三角"海洋经济发展布局，重点加强在海洋经济发展政策协调、《江苏省海洋产业发展指导目录》与海洋综合管理等领域合作，率先形成我国沿海地区海洋经济开放发展新优势，打造海洋产业开放合作新高地。积极参与泛"长三角"海洋产业分工协作，拓展长江经济带海洋产业合作空间，加强与长江经济带重点省域上海、浙江、安徽的海洋产业互动，拓展江苏海洋支柱产业对外合作空间。具体而言，密切与上海海洋经济的交流合作，深化与浙江、安徽两翼沿海沿江经济的互动协作，构建海洋经济功能清晰、海洋产业分工明确的泛"长三角"海洋经济分工协作新格局。充分利用上海全球资源配置能力和国际影响力，吸引更多生产要素在滨海旅游业、海洋交通运输业、海洋渔业、海洋船舶工业、海洋化工、海洋生物医药业、海洋电力业等海洋支柱产业以及海洋科技创新、海洋金融等领域的协作与合作，不断提高江苏省沿海沿江地区吸纳、使用涉海高级生产要素的能力。

深入对接"一带一路"建设，重点深化与海上丝绸之路沿线国家和地区海洋经济合作进程，在海洋支柱产业、海洋政策与管理、海洋科技应用等海洋经济的重点领域交流合作，全方位、多领域提高江苏海洋经济对外开放水平，实现互利共赢。具体而言，江苏海洋渔业企业积极参与国际渔业资源共享和市场竞争，加强与海上丝绸之路沿线国家和地区的水产养殖业合作，发展海外渔业产品精深加工，建成远洋捕捞、海外养殖、加工物流并举，布局合理、装备优良、配套完善、管理规范、支撑有力的海外渔业产业体系；加强与海上丝绸之路沿线国家港口和港区对接，推动电子口岸互通和信息共享；依托江苏省海洋船舶、海工装备产业综合优势，与海上丝绸之路沿线国家开展研发合作，积极引进海洋船舶、海工装备高端管理团队、专业营销团队和技术领军人才；发挥江苏省海水淡化领域领先优势，支持涉海企业走出国门推广海水淡化成套设备，在沙特、阿曼、马尔代夫、斐济等水资源匮乏国家承揽海水淡化建设工程；推进与海上丝绸之路沿线国家开展海洋可再生能源产业合作，重点加强海上风电项目合作。

3. 发挥海洋人才支撑和引领

激发涉海人才活力。建立"鼓励创新、包容失败、分类评价"的海洋创新创业人才评价体系，健全海洋科技工作者的培养、考核、选拔及奖励等机制，加强与科技成果转化工作的关联度，突出市场评价和绩效奖励，实现技术转移人才价值与转移转化的绩效相匹配，构建海洋科技工作者离岗创业支持保障体系。

强化涉海人才引进。围绕海洋支柱产业集群发展要求，实行更积极、更开放、更有效的高层次人才引进政策，不断优化人才引进培育机制，布局人才链，打造创新链，面向全省、全国迅速集聚一批站在行业科技前沿、具有国际视野和能力的海洋领军人才和海洋创新创业团队。制定海洋战略性新兴产业紧缺人才目录，提升招引人才的针对性。鼓励企业建立跨区域研发中心，通过与上海、北京、青岛等地科研机构联合设立研发中心，吸引海洋高端人才。

注重涉海人才培养。推进海洋高等教育和职业教育发展，加大海洋专业技术人才培养力度，大规模培养涉海高级技师、技术工人等高技能型人才。支持省内相关高等院校调整优化学科专业布局，加强涉海专业学科建设，适当增加涉海专业和涉海课程，设立海洋通识公共选修课。支持职业学校开展海洋相关在职教育和行业教育。积极组建江苏海洋大学。支持涉海企业与高校、科研院所共同建立人才合作培养机制，坚持"请进来教、送出去学、实践中练"等举措，广开渠道培养涉海人才。支持建立江苏海洋工程师联盟，强化海洋产业技术、经营管理、商业运作等人才队伍建设。继续向沿海地区派遣科技镇长团，扩大科技镇长团在沿海地区的覆盖面。开展"企业创新岗"试点，推动海洋人才向沿海地区企业集聚。

4. 强化海洋科技创新和引领

海洋科技创新是加快海洋支柱产业集群发展的关键。政府部门制定海洋科技创新政策，政府和企业加大海洋研发经费支出，加强海洋产业基础性、前瞻性、关键性技术研发，海洋产业关键技术取得新突破，特别是在海洋渔业、滩涂农业、海洋工程装备业、海水淡化、海洋风电、海洋生物医药和海洋功能食品等海洋产业关键性技术上有重大突破，不断提升海洋资源开发利用能力，明显提高海洋科技对海洋经济的贡献度，构建市场导向的海洋科技成果转移转化机制，加快海洋科技成果产业化，发挥海洋科技对海洋产业和海洋经济的巨大推动作用。

　　加快建立和完善以涉海企业技术研发中心为主体的海洋科技创新体系，依托海洋装备和海洋生物两个产业技术合作联盟、江苏科技大学海洋装备研究院、江苏省新能源淡化海水工程技术研究中心、淮海工学院海洋药物活性分子筛选重点实验室和海洋生物产业技术协同创新中心等海洋科技研发平台和机构，打通创新与产业化应用的通道，积极整合政、产、学、研的智力资本与社会资本，推进省内外高等院校、科研院所、上市公司与重点企业的合作，组织技术攻关，突出开发共性关键技术和核心技术。

新型经济全球化背景下江苏省海洋产业转型升级路径研究

一、引言

江苏省拥有954 km的海岸线，海洋资源较为丰富，但是开发较为滞后，一方面是由于江苏省沿海大多为淤泥质海岸，港口等临海基础设施建设难度较大，港口开发滞后严重制约了江苏省海洋产业的发展；另一方面是江苏省沿海地区经济发展速度相对迟缓，而沿海市县是江苏省沿海开发和海洋经济发展的主体，这就陷入了开发资金缺乏、人才和技术不足等诸多现实困境。江苏省海洋产业的发展可以划分为以下三个阶段。

第一阶段，1995—1999年。这一阶段中，海洋第一产业占绝对主导地位，第一、第三产业发展较快，海洋第二产业发展极为缓慢。这一阶段的主要举措是通过立体化海域开发，发展海洋渔业捕捞和滩涂垦殖，实施多元化、产业化的经营方式，增加海产品的品种、产量和养殖规模。尽管这一阶段江苏海洋产业也有了一定的发展，但是增速远远落后于其他沿海省份，也落后于江苏整体经济，这一阶段江苏省的海洋经济份额持续下滑。

第二阶段，2000—2010年。这一阶段中，海洋第一产业仍然占据主导地位，但是比重快速下降，第二产业份额开始快速上升。从第一产业内部来看，江苏海洋产品初加工进入了规模化发展阶段，部分企业开始向深加工延伸，甚至已经开始了品牌化、高科技化发展探索，但是速度较慢，2000—2010年期间江苏海洋渔业的年均增长率仅为4.9%，远低于第二、第三海洋产业，因此海洋渔业在江苏海洋经济中的比重持续降低。这一阶段中，以海洋船舶制造为主导的江苏海洋第二产业快速成长，造船能力实现重大突破。2000年海洋船舶产值仅为9.71亿元，而到了2010年，仅江苏南通一个市的海洋船舶产业产值就达到了1 125亿元。同时海洋船舶产业的快速成长也带动了钢铁、电子、装备制造和化工、轻工产业的发展，并通过产业链前后延伸部分促进水运交通、能源运输、水产渔业的发展和海洋资源开发。海洋第三产业中的滨海旅游随着地方经济平稳增长。

第三阶段，2011年至今，这一阶段是江苏海洋产业全面腾飞的阶段。除了海洋第二产业保持高速增长外，海洋第三产业开始进入增长快车道，从而形成了江苏目前的第二、第三、第一海洋产业格局。从海洋第二产业内部来看，海洋船舶继续保持高速增长，同时海洋工程装备产业开始崛起。由于起点较高，江苏省海洋工程装备业迅速成为江苏海洋经济的新亮点和新增长点，在近年海洋经济不景气的背景下为江苏海洋经济增添了新动力。这个阶段的另一个重要特征是海洋新兴产业开始崛起。依托江苏雄厚的科技资源、人才资源和政策优势，江苏的海洋生物医药产业、新海洋化工等海洋新兴产业开始加速崛起，并且通过品牌创新、功效创新等，逐渐形成了有各自竞争力的、差异化的产销体系。尤其是2011年以来，海洋新兴产业已经成为江苏省海洋经济中增长速度最快的部分。这一阶段中，江苏海洋经济在江苏经济中以及在全国海洋经济中的份额保持了持续快速上升的势头。

经历了三个阶段的发展，江苏省海洋产业已经基本形成了门类齐全、重点突出的多层次海洋产业体系。但是不可否认的是，江苏海洋经济仍然处于原始积累阶段。全省海洋生产总值由2012年的4 723亿元上升至2016年的7 000亿元，年均增长10.3%。2015年，江苏省的海洋生产总值为6 500亿元，仅占全省GDP比重的9.3%，与广东、山东、福建等海洋强省相比，江苏省海洋生产总值还有较大提升空间。

总体来看，2000年以来的江苏省海洋产业发展表现为四个特点：一是起步较晚但是速度较快，2000年以来江苏海洋经济的平均增速快于全国海洋经济增速；二是对陆域经济表现为较强的依赖性，江苏海洋经济的发展与江苏发达的制造业体系表现出了较为明显的协同性；三是发展不平衡，海洋船舶制造单个产业就占据了江苏海洋产业增加值中50%左右的份额；四是海洋基础设施发展较慢，尤其是沿海大港发展速度较慢。

目前，从宏观上来看，江苏省海洋产业的优化升级主要是继续提升海洋新兴产业在海洋经济中的比例，尤其是那些符合江苏省海洋资源和产业比较优势的产业，如海洋健康养殖与生物育种、海洋生物医药、海洋可再生能源、海洋高端船舶和工程装备制造、海洋新材料等。在中观层面上主要是通过价值链升级和产业集聚实现高附加值和稳定增长。产业之间关联性越强，产业价值链条越紧密，资源的配置效率也越高，产业整体也越具有竞争力，产业附加值和抗风险能力也越强。通过整合与延展产业价值链，可以实现更加高效、更加紧密的资源整合，降低产品在产业价值增值环节上的包装、流通、库存、销售与内部部门间协调等成本，获得成本比较优势进而提高产业竞争力。江苏海洋产业与陆域产业存在密切的价值链关系，但是海洋产业之间的联系更多的是基于要素关联而非价值链关联。除了江苏海洋产业本身应该集聚发展形成价值链，江苏海洋产业还应该加入世界整体海洋产业链中，加入世界价值链分工中去。

从微观上来看，江苏省海洋产业升级问题，主要是指企业通过技术升级和科技创新，提升自身的竞争优势和核心竞争力。企业的升级主要通过四种方式来实现，即产品升级、生产过程升级、企业功能升级和部门间升级。如江苏海洋渔业的发展应该增加鱼苗孵化和培育方面的技术支撑，加强水产品加工规模，提高产品附加值，加强企业之间的交流，尽快形成优势产业集群，形成江苏海洋渔业的核心竞争优势。加强"政产学研用"合作是实现科技创新和产业升级的重要途径，对于海洋高科技产业和海洋新兴产业，政府、民间组织、科研部门和金融机构应该相互合作，帮助涉海科技企业的设立和成长。

二、江苏省海洋产业转型升级的必要性

同"一带一路"合作倡议一样，新型经济全球化是开放、包容、普惠、共享的全球化，新型经济全球化不仅是中国的责任，更是所有国家为人类前途和命运的

担当。面对各种困难和挑战，世界各国需要摈弃偏见，携起手来，破除狭隘利益思维，在兼顾国际社会整体利益的基础上实现好自身利益。海洋产业在江苏省经济发展中具有举足轻重的地位和作用，新型全球化背景下能否适时高效推动海洋产业转型升级是经济增长的重要因素，对江苏省社会经济发展来说也是十分必要的。

（一）转型升级是形势压力所迫

新型经济全球化背景下，新旧动能处在转换之中，供给侧结构性改革在深化，推进增长动力转换、加快转型方式调结构的要求更加迫切。改革开放以来，江苏制造业发展飞速，但海洋产业相对滞后，海洋产业规模不大，附加值低，品牌知名度低。面临新产业、新业态、新产品在分化中孕育的形势，江苏海洋产业必须调整经济结构、升级产业层次，向着规模化、高附加值、高品质、高效率转型，特别是在利用海洋资源方面，应更重视环境价值和更快地提高环境保护标准的方向转型。

（二）转型升级是江苏省海洋产业战略定位的要求

江苏省沿海三地市曾经是江苏经济"洼地"，2009年江苏省沿海战略上升为国家战略以来，地区生产总值每年跨越一个千亿元级台阶，年均增长12.54%。2015年江苏全省海洋生产总值6 406亿元，比上年增长9.5%，海洋生产总值占地区生产总值的9.1%。其中，海洋产业增加值3 346亿元，海洋相关产业增加值3 060亿元。面临着新的历史机遇，下一步要全面对接融入"一带一路"建设和新型全球化，加快打造沿海经济"升级版"。沿海三市战略定位：连云港发挥新亚欧大陆桥东桥头堡的作用，进一步加强国际合作，推动与"丝绸之路经济带"沿线国家合作，尤其是与中亚国家在铁路运输、物流仓储等方面加强共建共享合作，加快建设成为上合组织的重要出海口，拓展面向日韩、连接中亚的物流经贸领域，推进中韩陆海联运运输合作；盐城抓住设立可持续发展实验区的机遇，在产业转型升级、滩涂综合开发利用、生态协调发展方面先行先试；南通着力建设通州湾江海联动开发示范区，形成江海联动开发的新格局。为此，江苏省海洋产业应由注重速度向注重质量转变，由产品竞争向品牌竞争转变。

（三）转型升级是竞争发展的需要

供给侧结构性改革背景下，江苏省海洋产业面临重要战略机遇，然而也要清醒地看到江苏省海洋产业优势主导产业不突出，核心竞争力不强，企业技术装备和自主创新能力不高。当前，转型升级已经成为我国产业发展主线，立足于自身特色，加快创新与转型升级是市场竞争的需要。过去的发展经验和教训的启示是，把握了产业转型升级的机遇，经济就会快速发展；反之，产业萎缩、经济发展就会滞后。

三、江苏省海洋经济发展现状

江苏是经济大省，海洋资源丰富，大陆海岸线长954 km，管辖海域面积3.75×10^4 km^2，海洋资源综合指数位居全国第4位。

（一）区位优势明显

江苏位于我国沿海地区中部，东向经黄海、东海与太平洋相贯通，西向通过长江黄金水道、陇海兰新线连接着中西部地区及中亚国家，地处丝绸之路经济带、长江经济带与21世纪海上丝绸之路的交汇处，海洋经济发展具有独特的区位条件。江苏拥有南通、盐城和连云港3个沿海城市。

（二）基础设施完善

江苏交通基础设施建设逐步完善，其中，港口能力大幅提升，沿海沿江大型化、深水化、专业化发展成效显著，亿吨大港数、万吨级以上泊位数居全国第一，高速公路密度居全国各省区之首，逐步形成"三纵四横"高速铁路网，全省分布着9个民用机场，密度全国最高，已形成了公路、铁路、水路、航空等多种方式相结合，较为完善的交通运输体系。

（三）海洋资源丰富

江苏省沿海堤外滩涂总面积5 001.7 km^2，约占全国滩涂总面积的1/4，居全国首位，而且每年仍在向外淤涨，是江苏省重要的后备土地资源。江苏省沿海地区生物资源丰富，近岸海域浮游动植物种类繁多，拥有海州湾渔场、吕四渔场、长江口渔场和大沙渔场等。江苏海域及沿海地区的能源储备相当丰富，非再生能源主要包括南黄海的石油天然气储藏；再生能源主要包括风能、潮汐能和太阳能等。矿产资源分布广泛，品种较多，已发现的有133种。江苏省沿海拥有亚洲大陆边缘最大的海岸湿地，建有国家级珍稀动物自然保护区和国家级海洋特别保护区，花果山、狼山、范公堤等自然景观及新四军纪念馆、盐文化博物馆等人文景观遍布沿海各地。海洋旅游文化资源开发潜力巨大。

四、江苏省海洋产业现状

地处我国沿海地区中部和"一带一路"交汇地带的江苏，既是我国经济大省，也是正在快速发展中的海洋大省。2009年，江苏省沿海开发上升为国家战略，海洋经济发展逐步走上快车道。面对强劲、高效的海洋经济发展势头，江苏省始终坚持"陆海统筹、江海联动、集约开发、生态优先"的原则，从推动传统海洋产业升级、大力发展战略性新兴产业等方面着手，海洋经济创新转型不断深化。海洋经济是开发、利用和保护海洋的各类产业活动以及与之相关活动的总和，涉及的主要海洋产业包括海洋渔业、海洋交通运输、海洋船舶业、滨海旅游业、海洋工程建筑、海洋盐业、海洋化工、海洋电力业、海洋生物医药业、海水利用业等。江苏省海洋经济总体上经历了由发展盐业、种植业、捕捞业为主到一、二、三产业同步发展的转变。2014年3月，财政部、国家海洋局决定在江苏省实施海洋经济创新发展区域示范，重点推动海水淡化、海洋装备等产业科技成果转化和产业化，推动产业向全球价值链高端跃升，培育新的区域经济带，形成新的区域经济增长极。江苏省海洋经济快速发展，海洋经济总体实力显著提升。

（一）江苏省海洋产业取得的成绩

江苏省加快调整优化海洋产业的空间布局，全省海洋生产总值由2010年的3 551

亿元上升到2015年的6 406亿元，年均增长12.5%，占经济总量的比重由8.6%上升到9.1%。江苏是一个外向型特色非常明显的省份，两头在外，海洋的优势产业在国内具有重要的影响力。沿海沿江的亿吨大港数、货物吞吐量均居全国第一。船舶工业三大主要指标造船完工量，新船承接订单量和手持订单量连续多年稳居全国榜首。海洋工程装备产业规模在全国也是名列前茅，海上风电并网容量全国第一。2015年全省海洋生产总值高于同期全省GDP的1个点，三次产业占海洋生产总值的比重分别为4.5%，47.4%和48.1%。2015年，海洋服务业占比首次超过了海洋第二产业，这表明江苏省海洋经济的结构在进一步优化当中。

（二）江苏省海洋产业发展状况

2015年江苏省海洋产业总体稳步增长，其中海洋渔业继续保持平稳发展态势，其亮点就是积极推进了远洋渔业的发展。全省48艘远洋渔船捕获的深海各类水产品3.37×10^4 t，同比增长50%，增长量比较大。全省造船完工量为1 657万载重吨，同比增长33.8%。海水淡化和综合利用产业取得较快发展，海水直接利用量持续增加，发展环境持续向好。江苏省沿海地区的风电装机容量达到366×10^4 kW，其中，海上的风电装机容量达到47×10^4 kW，规模居全国首位。沿海港口生产总体平稳，货物吞吐量达到17.9×10^8 t，同比增长4.9%，集装箱吞吐量达到$1 583 \times 10^4$ TEU，同比增长6.5%。海工装备是江苏海洋经济的一个非常有特点的产业，海工装备产业蓬勃发展，数量和产值占全国的1/3，产品覆盖了从浅海到深海、从油气平台到海洋工程船舶的各种类型。江苏的海工装备主要分布在沿江和南通，在江苏海洋经济中占重要的分量，是江苏海洋经济的鲜明特色。

（三）江苏省沿海三市海洋产业发展状况

沿海的三个地市是江苏省海洋经济的主体，总量占到全省海洋生产总值比重的一半以上，达到50.6%。2015年，南通市海洋生产总值1 684亿元，比上年增长了9.7%；盐城市914亿元，比上年增长11.7%；连云港市642亿元，比上年增长11.7%。

五、江苏省海洋产业转型升级的制约因素

江苏省海洋资源丰富，然而海洋资源开发相对滞后，与江苏整体经济发展严重背离，而且江苏海洋经济发展与沿海地区经济发展也存在偏离，海洋产业的发展水平较低，依然表现为粗放式。面临新型全球化形势，江苏海洋产业必须提升产业竞争力，及时转型升级，制约江苏海洋产业转型升级的主要因素如下。

（一）政策和机制制约

目前，江苏省区域统筹、陆海统筹、海河统筹、海洋综合统筹的政策和相关制度仍不完善。具体表现为：海洋产业政策上各自为政，沿海区域规划的冲突，海洋综合管理体制机制不完善，海洋资源的部门利益分割，市场非理性竞争，区域内的海洋产业各自为政。如，江苏省海岸线较长，发展海上风电项目有一定的优势，而风电项目建设涉及发展改革委、能源、海洋、交通等多个政府职能部门。由于海洋资源统筹政策和规划间衔接以及上述各职能部门之间的协调尚不充分，这类项目进展不顺，导致近年来江苏海上风电项目存在着不同程度的规划缺陷。

（二）科学技术和基础资源制约

科学技术是海洋经济的支撑，海洋资源的开发利用及海洋产业的发展都需要依靠科技的推动。通过科技开展海洋资源和环境调查、勘探、开发、利用，为江苏省海洋经济可持续发展提供技术保证。江苏海洋科技支撑能力不强，海洋科技产业化率较低，涉海企业技术瓶颈明显。科技能力不足阻碍了江苏海洋产业的发展，削弱了江苏海洋产业的竞争优势。与此同时，在基础资源方面，江苏省虽然已经基本确立了南通和连云港两处深水大港建设，但是由于起步晚，作为开发主体的沿海地区经济财力薄弱，制约着江苏省海洋产业的发展。

（三）产业结构和市场竞争制约

江苏主要海洋产业中传统产业占比为71.95%，江苏仍然以传统海洋产业为主导。按产值排序，江苏主要海洋产业排序为：海洋船舶工业、海洋水产、滨海旅游

业、海洋建筑工程、海洋电力、海洋交通运输、海洋化工、海洋生物医药、海水利用、海洋盐业。江苏海洋产业技术密集型和资金密集型高新海洋产业的发展相对滞后，新兴产业所占比重仅为28.05%，尤其是海洋生物医药、海水综合利用和海洋化工等高新技术产业发展缓慢。当前，海洋产业发展的外部环境和内生动力发生了很大变化，市场消费结构在变、生产经营成本结构在变、海洋产业劳动力结构在变、海洋经济发展的方式在变，而江苏省海洋资源衰退与水环境污染加剧的势头没有得到根本遏制，制约了江苏省海洋产业的发展。

（四）人才和管理制约

尽管江苏省人才资源丰富，但是多数集中在苏南地市，沿海地市的科教文卫资源相对苏南贫乏，导致涉海人才资源滞后于海洋产业发展需要。发展海洋产业需要人才保障，目前江苏海洋资源技术利用与开发管理中的人才比较缺乏。尽管近年来江苏在海洋产业投入较大并且已经取得了快速发展，但由于缺乏海洋科技和管理的人才，导致了海洋产业科技成果转化率低，周期长，海洋产业投入难以转变为海洋产业竞争优势。

六、江苏省海洋产业转型升级路径

新型经济全球化背景下，推进江苏省海洋产业转型升级，优化投资和供给结构，对于培育发展新动能，确保海洋产业迈向中高端具有重要的现实意义。

（一）明确江苏海洋产业的战略定位

改革开放40年来，江苏海洋产业发展较快，在海洋船舶、海水养殖、滨海旅游、海洋建筑、海洋电力、海洋运输、海洋化工、海洋生物医药、海洋盐业等方面形成了一定的竞争优势。党的十八届五中全会把保持国民经济中高速增长和产业结构向中高端迈进作为全面建成小康社会的两种方式，这是我国发展进入新常态后经济提质增效升级的总体要求。新型经济全球化背景下，江苏海洋产业战略定位应基于这一要求，大力优化供给结构，推动海洋产业向中高端发展，重视战略性新兴产业的培育，推进海洋产业服务化，推行基于网络的数字化制造，发展个性化定制、众包设计、云制造等业态，打造工业云和海洋产业公共服务平台，推进研发设计、数据管理、工程服务等资源开放共享。

（二）积极实施供给侧结构性改革援助政策

供给侧结构性改革过程中，一些海洋产业面临"三去一降一补"的压力，甚至还会有产业退出的需要。然而，退出渠道不畅是导致低效分工协作体系，从而成为影响海洋产业转型升级的主要原因之一。海洋产业转型升级过程中应退出市场的企业如果继续留在产业内，其低效率、高耗资源、高污染，不仅影响海洋产业的运营，而且自身的包袱越背越重。为此，地方政府应积极响应"放管服"改革，在"简政放权、优化服务"的同时，利用新技术新体制加强监管体制创新。设立调整扶助基金，退出的企业在淘汰设备和落后产能时，可按比例从扶助基金中得到资金补偿。同时，受益企业对退出企业进行帮扶，受益企业向受冲击企业提供补偿，对企业员工失业和就业问题则制定特别政策等。在供给侧结构不断调整时期，海洋化工、海洋盐业等退出援助应该成为政府支出的重点之一，应尽可能为企业从衰退行业顺利退出创造必要条件。

（三）提高海洋产业规模化聚集水平

江苏海洋产业的优化升级，一方面要通过科技创新推动海洋价值链向高度化攀升，另一方面也要将海洋产业价值链向市场的深度化延伸。产业集群对产业的技术创新和市场深化具有重要的推动作用，是产业可持续发展的重要形态，因此江苏应该着力在沿海打造几个规模和水平居世界前列的现代化临海产业基地，形成若干个具有国际水准的临海产业集群。通过产业聚集效应、规模效应来推动海洋产业价值链的凝聚和升级。连云港地区重点发展石化、能源产业，着力打造形成沿海重化工产业集群。盐城地区重点发展海洋生物工程、海洋保健食品和药品、深水养殖等高新产业，力争打造出一个全省最大、全国重点的海洋生物产业集群。南通地区重点发展海洋船舶、海洋工程和海洋装备制造业，打造现代化的海工基地。

（四）做强海洋产业，打造知名品牌

新型经济全球化背景下，要积极推动降低海洋产业成本，提高海洋产品品牌知名度，增强海洋产业竞争力。江苏的海洋产业主要包括海洋船舶、海水养殖、滨海旅游、海洋建筑、海洋电力、海洋运输、海洋化工、海洋生物医药、海洋盐业等，从规模上看，海洋船舶、海洋化工、海水养殖、海洋电力等已经够大了，现状主要是解决品质问题。在未来的发展过程中，关键就是要提高其质量，向高端化方向发展。江苏省海洋产业深入人心的品牌不多。对于海洋船舶、滨海旅游、海洋生物医药，重点是加强企业品牌建设；对于海洋化工、海洋盐业、海水养殖等则要在严格控制总量扩张的同时，优化品种结构。

（五）推进高端人才引进，加强人才培养

影响海洋产业发展的因素很多，人才是最为重要的因素，江苏海洋产业转型升级人才是关键。企业抢占人才先机，才能在新型经济全球化中保持鲜活的生命力，为发展输入不竭的动力。因此，培养人才、吸引人才、留住人才势在必行。为此，一是加强对企业管理者的培训，不断加深认识，转变观念；二是海洋产业应建立起科学合理的人才激励机制，防止人才外流，充分利用人才资源；三是结合自身海洋产业的特征，分析其人才需求特点，与高校、科研院所联合进行合作，发挥高校人才培养主阵地的优势，为行业发展注入源源不断的动力；四是加快海洋产业高层次人才引进与选拔，改变目前高层次人才引进、选拔项目偏向新兴产业的现状，增加海洋产业高层次人才比重。

打造江苏省海洋文化产业地域性平台的实践思路研究

江苏滨江临海，区域文化内容丰富，整体存续状态较好，既存有海洋文化的历史沉积，也保持长江、黄河水域的文化经典，就地域海洋文化建设而言有着自身独特的规律和特点。在对接"十三五"规划，聚焦"两聚一高"目标的进程中，着力打造独具地方特色的区域性海洋文化产业高地是大力发展江苏文化产业的战略路径和有效抓手，也是建设海洋强省、文化强省不可或缺的发展领域。从海洋产业、文化旅游产业等多元、发散性思路，专题研究江苏如何主战"十三五"，依托现有海洋产业发展优势和海洋人文自然资源，着力打造江苏海洋文化产业区域性平台的总体思路、发展路径和保障措施，加快提升江苏海洋文化产业发展能级，推动产业再增新动能，再上新台阶。

一、江苏省海洋文化产业发展现状

长期以来，江苏海洋经济围绕建设海洋强省目标，解放思想，开拓创新，积极作为，争先创优，海洋经济整体发展一直处于我国整体经济发展的前列，是江苏经济增长的新亮点，成为江苏支柱性产业之一。但是，由于江苏海洋经济格局中海陆并进、江海互通特色明显，长江经济带远强于沿海经济带，导致苏南、苏中、苏北区域经济发展不均衡和其他一些历史发展原因，江苏海洋经济中的第三产业发展不太充分，沿海各地微观经济、社会发展存在一定的差异，各门类的海洋产业和文化产业发展参差不齐，海洋文化产业局部发展呈现着不均衡的态势。具体情况如下。

（一）江苏省海洋自然文化旅游资源存量丰厚

海洋生物资源。江苏海域地跨暖温带和北亚热带，水温适中，长江等众多入海河流输送大量营养物质入海，生物生产自然条件较好。近岸海域浮游动植物种类繁多，近海拥有海州湾渔场、吕四渔场、长江口渔场和大沙渔场等生态渔业资源，且江苏省沿海拥有基岩海岸、沙滩海岸、淤泥质海岸、基岩海岛等，拥有亚洲大陆边缘最大的海岸湿地和独特的辐射状沙洲，有丹顶鹤、麋鹿2个国家级珍稀动物自然保护区和蛎蚜山牡蛎礁、海州湾海湾生态与自然遗迹2个国家级海洋特别保护区，花果山、狼山、范公堤等自然景观及新四军纪念馆、盐文化博物馆等人文景观遍布沿海各地。海洋文化旅游资源存续状态良好，文化开发资源存量丰厚。

（二）海洋经济开发中第三产业开始发力

江苏一直是我国的经济大省，也是海洋的开发大省。从"十二五"规划开始区域海洋经济增效提速，发展势头强劲，产业结构日趋合理，第三产业开始发力。海洋经济生产总值由2012年的4 723亿元上升至2016年的接近7 000亿元，年均增长10.3%，占全国海洋生产总值的比重由9.0%提升至9.93%，占全省GDP的9.2%。特别是伴随着海洋绿色开发的崛起，产业的转型升级，产业新旧动能转换明显，第三产业增长加快。2015年江苏省海洋第一产业增加值为288亿元，第二产业增加值为3 037亿元，第三产业增加值为3 081亿元，占比分别为4.5%：47.4：48.1，海洋服务业首次超过海洋第二产业，成为江苏省海洋经济发展的新亮点。

（三）江海联动产业格局基本形成

江苏牢固树立并自觉践行创新、协调、绿色、开放、共享五大发展理念，以提高发展质量和效益为核心，以改革创新为动力，海洋强省建设初见成效。2017年，江苏省再次发声，发布了《江苏省"十三五"海洋经济发展规划》，重新构建江苏省海洋产业发展格局，突破原有的海洋产业生产力布局思路，提出了重点打造"一带、两轴、三核"的海洋经济发展空间新思路，"一带"即以沿海地带为纵轴、沿长江两岸为横轴的"L"型海洋经济发展带；"两轴"，即沿东陇海线海洋经济成长轴和淮河生态经济带海洋经济成长轴；"三核"为连云港、盐城、南通三个节点城市。这一发展思路体现了江苏江海联动的地域经济特点，同时也为海洋经济发展拓展了地域空间，增强了发展动能，江苏海洋经济江海联动的产业格局基本形成。特别是将原来的注重江苏省沿海区域海洋经济发展延伸至沿海与沿江、沿海与沿线、沿海与沿河多点、多线生产力布局空间，破解了原有海洋经济区域狭小，单一的生产力空间格局，将原来经济发达的苏南、苏中均带入海洋经济发展区域范畴，极大地拓展了海洋经济发展思路，调动了江苏海洋经济整体发展潜能。

（四）海洋文化旅游产业开发方兴未艾

海洋文化旅游业一直是江苏海洋经济发展的主打产业之一。在江苏实施了沿海大开发战略以后，全面强化了沿海区域的生态文明建设，保护好原有的生态和文化资源，先后出台了江苏省沿海生态文明保护规划、旅游发展规划等，超前思考，保护海洋生态文化旅游资源，使得江苏海洋文化旅游产业跃升至新阶段。如连云港的"游大海，尝海鲜，登花果山"文化旅游线路；盐城的国家级丹顶鹤、麋鹿自然保护区；南通的濠河夜游等在全国均有影响力。江苏还主推文化创意产业、全域旅游战略和"互联网＋旅游"的发展思路，使得江苏海洋文化旅游成为江苏海洋经济转型升级的助推器和新动能。至2016年底，江苏省文化产业增加值为3 488亿元，约占全省GDP的4.97%；行业从业人员超过220万人，规模以上文化企业6 800多家，总资产规模、主营业务总收入均突破1万亿元，初步具备支柱性产业形态。根据中国人民大学发布的中国省市文化产业发展指数（2016年）排名，江苏排在了第三位，仅次于北京和上海。同样，江苏旅游业也成果丰硕，2016年总收入首次突破万亿元大关，达10 263亿元，同比增长13.4%；旅游业增加值占全省GDP比重达6%，旅游业已成为江苏省名副其实的重要支柱产业。

二、江苏省海洋文化产业发展存在的问题

尽管江苏海洋经济发展较快，但是，就江苏海洋第三产业来看依然有未尽人意之处，存在以下几个方面的问题和短板。

（一）海洋经济结构较全国整体发展存在差距

在经济发展过程中，地区各产业构成比例直接影响对其当地经济发展的贡献率。由于区域性价值取向和产业思路的误区，江苏海洋经济中现代海洋服务业发展较全国比较还有一定差距。2009年《江苏省沿海发展规划》中明确提出形成以现代农业为基础、先进制造业为主体、生产性服务业为支撑的产业协调发展新格局。但是经过两年多的发展，产业结构还未彰显其优势。2015年全国海洋生产总值64 669亿元，其中，海洋第一产业增加值3 292亿元，第二产业增加值27 492亿元，第三产业增加值33 885亿元，海洋第一、第二、第三产业增加值占海洋生产总值的比重分别为5.1%、42.5%和52.4%。而2015年江苏省海洋产业生产总值为6 400亿元，其中第一产业增加值为288亿元，第二产业增加值为3 037亿元，第三产业增加值为3 081亿元，占比分别为4.5∶47.4∶48.1，海洋服务业刚刚首次超过海洋第二产业，但占比较全国平均值低4.3%，比江苏自身的地区生产总值的第三产业比值也低0.5个百分点，其差距显而易见。

（二）海洋产业综合创新创意能级相对较低

海洋产业主要包括海洋渔业、海洋养殖业、海洋船舶工业、海盐业、海洋油气业、滨海旅游业、海洋文化产业等。江苏多年来大力发展传统海洋产业，第一产业稳步增长，第二产业快速崛起，特别是海水养殖、港口物流、船舶制造、海洋电力、海洋油气业等规模化产能行业，在多方面领先全国。如江苏省海洋工程装备产品数量和产值约占全国的1/3；海洋船舶造船居全国首位；海上风电规模全国居首；海洋沿海沿江亿吨大港数、货物吞吐量均居全国第一。而对于依托自然和生态的新兴产业支柱性产业重视不够，存在开发短板，如在海洋生物、生态能源、海洋旅

游、海洋文化、海洋高端设备制造业等方面，更缺少横向跨界、纵向串联的海洋经济开发亮点，新兴支柱性产业开发不够。就海洋文化产业开发来看，一方面，在原有的海洋产业中，新型海洋服务业的业态不多，大多居于传统旅游观光型的产业业态，很少触及海洋创意文化产业，缺少第一、第二、第三产业跨界融合的大手笔；另一方面，就海洋服务业发展需求来看，缺少现代海洋服务业的科技人才、创新机制和科研机构，成立江苏海洋大学依然是一个在路上的梦想，这极大地制约了区域性海洋经济创新和能级的提升。

（三）海洋产业发展不均衡依然是区域经济发展的掣肘

由于受到历史原因和地域位置的影响，江苏在区域经济发展均衡方面历来存在差距。江苏在海洋经济发展中提出了"江海联动"的发展思路，而沿海经济整体发展水平弱于沿江经济整体发展，这是一个不争的事实。而就江苏海洋经济打造的"两轴"，即沿东陇海线海洋经济成长轴和淮河生态经济带海洋经济成长轴，基本处于一个均等平衡的产业发展水平上，水陆统筹也存在"南强北弱"的态势。特别是处于海洋前沿的沿海"三核"，海洋经济发展上的差异体现为从南向北依次呈梯度下滑趋势。南通、盐城、连云港3个沿海城市，"十二五"时期末的海洋生产总值分别达到1 684亿元、914亿元、642亿元。连云港的海洋经济总值比南通少了1 000多亿元，本身就不在一个层级上。南通市力求对接上海、长三角，致力于向苏南地区看齐，其发展更侧重追求与苏南的互动，缺乏与盐城和连云港建立协调机制的动力。而盐城作为三市中心，主动东跨大海对接韩国，西接苏中，紧跟苏南，没有发挥好其枢纽联通作用，缺少与南北互动的设想。连云港则西联中国中西部，着力打造"一带一路"核心区和先导区，主动对接东陇海产业带，虽然区位条件得天独厚，但是其在海洋经济成绩上列三市最后，很难发挥龙头引领功能。三个城市的海洋经济业态各有侧重，经济基础不一，在沿海一带开发上较难构成协作战线的跨界发展格局，江苏海洋经济的不均衡成为江苏海洋经济区域协调发展的掣肘。

（四）跨界、跨区、跨行区域性海洋文化产业平台缺失

在江苏省海洋文化发展过程中，已经建设了一批文化产业平台。但是，由于受制于区域行政管理体制和经济运行模式的影响，跨界、跨区、跨行区域性海洋文化产业平台依然缺失。现在比较成熟的海州湾公园，丹顶鹤、麋鹿自然保护区，多为文化旅游业态，缺少海洋文化创意、动漫游戏、休闲体验、科技展示等业态的跨界产业内容。如在江苏涉及海洋经济的沿海、沿江区域内，有省级文化产业示范园区十多个，但是，基本没有与海洋文化产业对接的，没有以海洋文化产业作为主打方向的文化产业园区，缺少跨业、跨行的融合机制；又如江苏的《西游记》文化、海洋渔文化、淮盐文化等文化产业都涉及两地以上的行政区域，也是各地主导的文化产业内容，但是目前没有一个跨行政区域的文化产业平台，缺少跨区域的合作和打造。

三、江苏省海洋文化产业平台的主要类型

江苏省海洋文化产业平台是一个具有互动互交、多维立体、系统完善的经济活动空间和系统过程，体现了区域内海洋文化产业的具体活动和时空跨度。从平台搭建的主体、功能、作用、定位等综合因素考量，主要有以下几种平台类型。

1.自然生态产业平台

如连云港海州湾海洋公园；盐城麋鹿、丹顶鹤保护区；南通吕四渔场；淮河流域饮食文化；镇江三山文化区等。

2.名人名产产业平台

如连云港的徐福文化，《镜花缘》文化，紫菜文化；南通的张謇文化，蓝印花布文化，海门山歌；盐城的红色文化，海盐文化；南京的海丝文化；淮安、扬州的运河文化；镇江的《白蛇传》传说等。

3.生态博物馆产业平台

如连云港的海州五大宫调，淮海戏生态博物馆，盐城的中国海盐博物馆，南通的濠河博物馆群，镇江西津渡文化街区等平台载体。

4.会展论坛产业平台

如江苏苏北区域印刷行业联谊会，江苏苏北非物质文化遗产展示会，江苏农业国际博览会，连云港"一带一路"国际物流产业博览会等。

5.品牌聚合产业平台

如江苏省沿海比较知名的淮盐、大运河、海上丝绸之路等。

6.区域文化产业平台

近期江苏提出了特色文化小镇建设，如连云港的海头赶海小镇，连岛海滨风情小镇，高公岛渔业风情小镇；盐城的黄尖镇丹鹤小镇，草庙镇麋鹿风情小镇，九龙口镇荷藕小镇；南通的吕四仙渔小镇，仇桥镇水乡风情小镇，闵桥镇荷韵小镇和扬州的界首镇芦苇风情小镇等。

7.创意园区产业平台

如连云港716文化创意产业园区、盐城串场河文化聚集区、中韩产业园文化街区、南通赛格动漫产业基地、南通家纺创意设计集聚区、淮安古淮河文化创意产业园、清河文化创意产业园区、扬州486非遗聚集区等。

8.产业链式产业平台

如江苏海洋文化的重点之一是《西游记》文化，且《西游记》文化主要内容覆盖连云港、淮安两地，可以互为补充，相得益彰。

9.跨界融合产业平台

如用海洋文化资源加动漫、创意、影视、网络等文化产业新业态；也可以用海洋文化资源加渔业、旅游、体育、休闲、养老、科技等关联产业。

四、平台打造的实践思路

努力打造江苏省海洋文化区域性的产业平台，需要坚持"十三五"规划中创新、协调、绿色、开放、共享的核心理念，努力发挥江苏海洋自然禀赋多样、文化资源丰厚的区位优势，积极培育海洋文化产业市场主体，开拓海洋文化产业市场空间，打造多元、跨界、绿色、综合的海洋文化产业平台，建设与之配套的海洋文化产业发展体系，努力实现"十三五"期间江苏成为海洋强省、文化强省战略目标。其实践思路将基于以下几点。

（一）聚焦海洋

江苏海洋文化资源积淀深厚，浩若繁星，存续良好。而打造江苏海洋文化产业区域性平台就必须以基于海洋文化资源为基础，落脚于海洋文化产业发展的目标。文化产业是我国新兴的支柱性产业，海洋文化产业更是我国现代文化产业发展主流和前行先导，抓住海洋文化产业发展可以调动各类产业要素，深化文化产业层级，为文化产业发展添加新动能，增强其优势。聚焦海洋，更要聚焦海洋文化产业这一江苏文化产业的宝库和潜能，既要专注现代海洋经济发展的产业趋势、产业变革和产业新科技，更要聚力重点打造海洋文化产业发展高地，构建文化产业发展新平台。海洋文化产业是江苏海洋经济、文化产业中的重要组成部分，是拓展海洋经济、文化产业发展的新蓝海。只有聚焦江苏海洋文化资源，构建起江苏海洋文化产业新平台，才能实现海洋文化资源与海洋文化产业的比翼齐飞，共荣共进。

（二）发挥优势

在我国沿海中，江苏位于整体海岸的中部，区域海洋文化具有自身独特的自然禀赋和区域特点。站在全国看江苏海洋经济发展，就必须趋利避害，扬长避短，发挥优势。要实现江苏海洋强省、文化强省的战略目标，必须依托和遵循江苏自身的区域经济特点和地缘优势，抓住江苏有区域性特点的文化资源和产业优势，注重实际，聚力创新，弥补短板，着力发展海洋商务服务业、海洋文化旅游业、海洋文化创意产业、海洋生态体验休闲业等海洋经济新业态，实现江苏省海洋文化产业与全国海洋文化产业的协同发展。

（三）融合区域

发展江苏海洋文化产业要消除传统海洋经济发展思路影响，融合区域产业动能，整合各类产业要素，疏通区域间的产业联系，互联互通，扬长避短，打造出一批综合性、跨区域、跨行业、跨业态的海洋文化产业平台。特别是要遵循江苏"十三五"海洋经济发展新思路，构建"一带、两轴、三核"海洋经济发展新格局，破除原有的海洋经济发展空间布局的局限，构建多点、多极、多线的海洋文化产业带和产业聚集区，纵横江海，统筹江海，联通江海，跨越江海，真正做到发挥江苏江海联动、海陆统筹的海洋经济发展特点，建设具有江苏特色的海洋文化产业平台。

（四）集聚产能

江苏海洋文化产业区域性平台有多种形式，也有业态，需要汇聚一批专注于海洋文化产业的企业、卓越的文化产品和靓丽的品牌效能。江苏海洋文化产业平台是海洋文化企业相互融通、互鉴互学、共享共赢的空间，是海洋文化产业产品汇聚、交流、流动的载体，也是具有一定知名度、知晓度和靓丽的产业旗帜。建设江苏海洋文化产业区域性平台就是需要通过汇聚海洋文化产业的各类要素、企业、产品、品牌等聚集产业动能，搭建起综合性、互交性、多元化的产业发展空间，为产业发展疏通渠道，构建生态，形成机制，深化能级和增强动能。

（五）尊重差异

打造江苏海洋文化产业区域性平台是在把握区域文化产业发展互动共荣基础上实现的，不可能是一马平川、均衡无垠。建设产业平台既要注重企业间发展的差异，区域产业能级上的差异，也要尊重区域经济整体发展的差异。要在尊重差异的基础上，求同共进，促进区域间的相互融合和共赢发展。江苏海洋文化产业覆盖面宽，界域广泛，即便是同质的文化产业，也存在一定的品质差异。打造平台是为了聚合产业要素和发展动能，尊重企业发展、城市发展、区域经济发展的不均衡差异，尊重相互间产业业态、产业形式、产业模式或产业机制方面的差异，才能更好地促进区域协调发展，打造切合实际、适宜发展的海洋文化产业平台。

（六）跨界整合

打造平台是一个实施资源和业态整合的过程。江苏省海洋文化产业丰富多彩，各种业态竞相绽放。打造海洋文化产业平台的主要目标在于最大限度地整合各类文化产业要素资源、各类产业业态和各行各业的优势。平台是形式，成效是关键。随着现代"互联网+"思维的生发，打造江苏海洋文化产业区域性平台不仅要注重海洋产业内部融合和互动，也要关注海洋产业与其他内容的文化产业的互动共荣；既要整合各类文化产业链、产业集群、产业业态，搭建协同发展的平台，同时，也要跨越行业、产业、业态等产业自身发展的掣肘，融合其他业界，共同发展。跨界是海洋文化产业发展的必然趋势之一，也是打造新型海洋文化产业平台的有效方式。

（七）聚力创新

在"十三五"期间，江苏省提出打造高新科技的创新中心的产业发展思路，聚力文化产业创新势在必行。打造江苏海洋文化产业区域性平台要坚持"聚力创新"的核心发展理念，一方面要在原有建设的文化产业平台的基础上，注重发现打造区域性平台的新载体、新空间、新业态、新模式和新机制，在创新中跨入提升江苏海洋文化产业的能级；另一方面，要注重审视世界和全国海洋文化产业发展的新趋势，汇聚新要素，发掘新动能，创立新载体，疏导新渠道，挖掘新路径，创设新平台，把握创新发展的机遇期，聚力创新，再创佳绩。

（八）保护生态

绿色发展是我国"十三五"规划实施的核心理念，打造江苏海洋文化产业区域性平台不是为了建设平台而打造，而是为了更好地传承和保护好海洋文化资源，建设新的海洋文化消费平台，为未来子孙后代享用我们海洋文化而提供条件，奠定基础。发展海洋文化产业是以现有文化资源存续状态和可承受力为基石，假如离开了生态优先的原则，离开了生态永续条件，离开了生态发展路径，再好的平台也无法持续下去，或缺少生存的条件和基础。打造产业平台必须遵循保护生态的基础原则。

（九）有序发展

我国整体经济发展进入新常态，而稳步有序发展是新常态的主要特征之一。打造江苏海洋文化产业区域性平台目的是为未来发展提供条件，奠定基础。打造江苏海洋文化产业区域性平台既是在原有平台基础上再提升、再创新、再生发的实践过程，也是聚合各类产业要素和产业动能再整合、再分配、再创设的过程。在此过程中，遵循经济发展客观规律，遵循打造平台的基础原则，遵循各类要素存续的相互关联，遵循现代经济发展趋势，进而有序发展是我们打造江苏海洋文化产业区域性平台的目标愿望和发展归属。

海洋文化产业区域性平台汇聚了众多海洋文化产业要素，既是江苏汇聚海洋文化企业、品牌产品、行业人才的区域空间，也是承载海洋文化产业运行机制、生产布局、行业创业的过程。着力打造江苏海洋文化产业区域平台有助于快速提升江苏海洋文化产业能级，增强海洋文化产业动能，助推江苏海洋经济发展。

第三篇
海洋管理创新

江苏省海洋管理体制机制创新研究

一、引言

海洋是我国经济社会发展的重要战略空间，是孕育新产业、引领经济增长的重要领域，在全国经济社会发展全局中的作用日益重要。党中央、国务院高度重视海洋经济发展，党的十九大报告的表述有两个变化值得关注。其一，报告提出加快建设海洋强国，与党的十八大报告相比多了"加快"两字。过去5年间中国海洋科技取得的一系列突出成果，为建设海洋强国奠定了物质和技术基础。"现在到了全面加快海洋强国建设的时候了。"其二，报告将这一表述置于第五部分"建设现代化经济体系"中，而没有延续党的十八大报告的做法，在"大力推进生态文明建设"部分阐明。所谓海洋强国，基本条件之一就是海洋经济要高度发达，在经济总量中的比重和对经济增长的贡献率较高，海洋开发、保护能力强。当前，蓝色正逐渐渗入中国经济的底色。用国家海洋局局长王宏的话说，中国经济形态和开放格局呈现出前所未有的"依海"特征，中国经济已是高度依赖海洋的开放型经济。要提高海洋及相关产业、临海经济对国民经济和社会发展的贡献率，努力使海洋经济成为推动国民经济发展的重要引擎。

江苏省贯彻落实国家"一带一路"建设和长江经济带战略，统筹推进江苏省沿海发展，加快推进海洋强省建设，"十三五"时期着力推进海洋经济转型升级，全力打造科技创新引领、集约集聚发展、海洋经济特色鲜明的现代产业高地，建成对"一带一路"和长江经济带建设起示范作用的开放合作门户。加快海洋事业发展，是国家发展战略的需要，也是江苏自身发展的需要。"十三五"期间，我们要在进一步完善沿海地区基础设施的同时，加快海洋产业发展，加强海洋环境保护，扩大对内对外开放，使沿海地区成为江苏经济发展新的增长极。2015年9月13日，江苏省政府与国家海洋局在南京举行工作会商，并签署了实施"一带一路"建设、共同推进江苏海洋强省建设合作框架协议。深入贯彻习近平总书记对江苏工作明确要求，主动融入"一带一路"建设，进一步完善沿海地区基础设施的同时，加快海洋产业发展，加强海洋环境保护，扩大对内对外开放，使沿海地区成为江苏经济发展新的增长极。

2017年9月25日，江苏省委书记李强在南通调研时强调，要积极谋划和推进现代海洋经济发展，挖掘内涵，创新思路，找准切入点，加强江苏海洋管理体制机制创新，彰显沿海经济带建设的特色优势，在全省"1+3"重点功能区战略中发挥重要作用，以港口为核心打造多式联运体系，为现代海洋经济发展提供有力支撑。当前要进一步加强对发展现代海洋经济的研究谋划，深度挖掘江苏海洋管理体制机制创新的内涵，从体制机制创新的视角，提出了推进江苏海洋经济发展的一系列对策。

海洋管理体制是基于一国的海洋现状和海洋经济建设、维护海洋权益而建立的，是国家行政管理体制的一部分，是相对于海洋立法体制和海洋司法体制而言的。海洋管理的机关设置包括海洋局、渔业局、海事局以及地方各级政府的海洋主管部门。政府海洋管理职权的划分包括政府海洋机关与其外部海洋管理机关之间、政府海洋管理机关内部各职能部门之间以及上下级政府之间的行政职权划分。目前，海洋管理体制正经历着由过去的行业管理到行业管理加海洋环境复合管理再到海洋综合管理的进程中。

在这一过程中，海洋管理体制呈现出中央与地方关系没法理顺，条块分割的权力格局导致了中央垂直管理统得太死，地方缺乏管理能动性和应急机动性；同时，地方政府的管理也普遍存在职能交叉、政出多门、协调不力等诸多问题。为此，推动海洋管理体制改革就成为了解决上述问题的重点。

如何根据江苏海洋管理的现实发展需要和存在的问题，比较和借鉴国外发达国家政府、国内兄弟省份海洋管理体制机制改革的成功经验和历史教训，顺应江苏行政管理体制改革的要求，建立一个多部门协同、公众参与、政府具体管理的海洋综合管理体制，从而有效统一协调跨部门、跨行业、跨地区的利益，最终在切实保障江苏海洋权益的基础上，实现海洋的整体利益和海洋资源的可持续开发利用，顺利完成江苏省海洋管理体制机制创新与改革。

二、江苏省海洋管理体制机制创新发展现状

（一）国外海洋管理体制机制创新情况及主要特点

各国海洋自然状况千差万别，国家政治制度和管理体制也不尽相同，但无论处于何种管理制度发展阶段，各海洋大国的普遍共识是，海洋事务综合性强，需要加强各项海洋开发利用活动和涉海部门之间的综合协调。美国、日本、俄罗斯和巴西等国的海洋管理工作采用高层协调和部门分工相结合的模式。为保证国家海洋战略与国家大战略的协调一致，提高国家海洋战略的全局性和针对性，加强海洋综合管理，建立海洋综合管理工作机构和高层次的海洋工作协调机制，是实现这一目标的一条有效途径。

美国早期的海洋和海岸管理模式与大多数国家一样，处于条块分割的状态，各产业、各区域都是独立的，在区域之间、政府之间和国家之间很少协作。美国建立全面而统一的海洋政策的努力始于1966年，这一年，美国国会通过了《海洋资源与工程发展法》。该法案授权"蓝带"小组，即斯特拉顿委员会开展一系列海洋项目。1969年，该委员会发布了影响很大的报告，名为《我们的国家和海洋：三年后的国家行为规划》。1970年，尼克松总统发布重组命令，在商务部内部成立国家海洋与大气管理局，将散布在各个政府部门的海洋管理职能归集到了一起。这样做的目的：一是政府主导制定海洋发展战略及相关政策，制度具有强制性，属于自上而下的变革；二是以较高的科技贡献率来确立和保持海洋经济优势，十分重视并主导

海洋高新技术的研究开发工作，针对不同的海洋发展项目有重点、有针对性地投资建设科学研究机构，并根据不同区域的海洋资源兴办不同形式的海洋科技园区；三是坚持保护性发展的原则来确保自身的海洋利益。世界其他海洋大国，如日本、俄罗斯、巴西、澳大利亚和英国等在长期实践中逐步进行探索。这些国家所建立的海洋综合协调机制，包括其组织构成和职责等，分别针对不同地域和历史时期出现的问题而设置，经过改革与完善，分别取得了一定成效。这些对于我国海洋管理体制机制的完善也有一定的借鉴意义。

（二）国内海洋管理体制机制创新情况及主要特点

现行海洋管理体制延续了新中国成立以来统分结合，综合管理与行业管理相结合的复合管理体制，即通常所说的"条块分割"的管理体制。从"条条"来看，主要由以下几个部门组成：一是"以海洋局为主导的海监机构，承担综合协调海洋监测、科研、倾废、开发利用"。负责建立和完善海洋管理有关制度，起草海岸带、海岛和管辖海域的法律法规草案，会同有关部门拟订并监督实施极地、公海和国际海底等相关区域的国内配套政策和制度，处理国际涉海条约、法律方面的事务。负责海洋经济运行监测、评估及信息发布。组织对外合作与交流，参与全球和地区海洋事务，组织履行有关的国际海洋公约、条约，承担极地、公海和国际海底相关事务，监督管理涉外海洋科学调查研究活动，依法监督涉外的海洋设施建造、海底工程和其他开发活动。依法维护国家海洋权益，会同有关部门组织研究维护海洋权益的政策、措施，在管辖海域实施定期维权巡航执法制度，查处违法活动，管理海监队伍等责任。二是"交通部下设海事局，是在原中华人民共和国港务监督局（交通安全监督局）和原中华人民共和国船舶检验局（交通部船舶检验局）的基础上，合并组建而成的。海事局为交通部直属机构，实行垂直管理体制。根据法律、法规的授权，海事局负责行使国家水上安全监督和防止船舶污染、船舶及海上设施检验、航海保障管理和行政执法，并履行交通部安全生产等管理职能"等。从"块块"来看，目前，我国每一个沿海的省、自治区、直辖市以及计划单列市和沿海县市都建立了专门的政府海洋管理职能部门，承担着地方政府的海洋综合管理职能。上述机构的设置在计划经济时代曾经发挥过积极作用，但随着市场经济体制的建立和全球化经济的迅速发展，已经暴露出严重的弊端，不能够适应政府海洋管理的复杂性、综合性和权变性。

国内学者在海洋经济管理体制研究方面做了一定的工作。目前国内学术界对海洋经济管理体制研究主要涉及以下3个方面：一是海洋经济管理体制的类型。自然条件、政治制度以及经济水平的差异，导致各国海洋经济管理体制类型的不同。国内学者基本将海洋经济管理体制分为3种类型：分散型、集中型以及分散与集中结合型。二是海洋经济管理体制发展历程及现状研究。一部分学者从整体出发，将海洋经济管理体制的变迁大致分为三个阶段：行业分散管理阶段—初步统一阶段—以"条块"为特征的综合管理阶段。另一部分学者则从具体产业出发，分门别类地研究各海洋产业管理体制的历史沿革与现状。三是深化改革海洋经济管理体制的路径措施研究。诸多学者从管理学、生态学、政治经济学、产业经济学等多个角度出发提出深化改革海洋经济管理体制的路径与措施，认为我国海洋经济必须走综合管理的道路，行业管理与区域管理二者缺一不可。

深圳市的《深圳市海洋综合管理示范区建设实施方案（2016—2020年）》，将建立健全六项制度、重点提升五个能力、全面开展六大领域的重点工程建设。在制度建设方面，深圳将创新完善海洋综合管理制度，包括构建海洋综合管理的地方性法规政策体系，完善海洋规划体系，建立海陆环境联合治理与保护机制，探索海域资源配置和有偿使用制度，优化海域使用管理机制，并建立基于生态系统的海洋综合管理理论体系。为加快深圳海洋综合管理示范区建设，还将建立深圳市海洋综合管理示范区建设工作联席会议制度，提请由国家海洋局组织召集联席会议，省、市海洋主管部门参加。通过联席会议，及时解决试点过程中出现的问题，确保海洋综合管理示范区建设达到预期目标。在深圳市一级层面，则将成立深圳市海洋工作领导小组。由市领导挂帅，统筹协调全市海洋发展重大问题。领导小组办公室设在市海洋局。按照实施方案，在示范区建设的过程中，深圳将致力于提升在海洋综合管理的各领域能力，包括优化机构职能，强化组织保障能力；完善海洋经济运行评估体系，提高政策引导能力；构建动态监测体系，提高公共服务能力；加强海洋科学研究，增强技术支撑能力；整合多方资源，增强海域监督执法能力。

刘洪滨（2017）指出中国经济的发展对海洋资源、空间的依赖程度大幅提高，在管辖海域的海洋权益需要不断加以维护和拓展，这些都需要通过建设海洋强国来加以保障。而管理体制的合理配置则是建设海洋强国、强省的重要一环。但当前我国海洋管理机构规格偏低，主要表现在海洋综合管理职能较弱，海洋综合管理支撑能力不足，与相关部门职能交叉重叠等诸多方面。刘容子（2017）指出无论国家层面还是地方层面，海洋机构职能转变的出发点和着力点都应该是促进海洋经济的绿色发展，同时加快海洋经济向质量效益型经济成功转变。海洋经济在目前已经进入了以拓展海洋开发领域、扩大海洋规模为特点的成长阶段。按照一般产业经济发展的规律，从快速成长期向稳定成熟期转型，最关键的就是要保证企业、产业、行业在公平的竞争环境中优化升级，这是转型的关键保障。对海洋领域来说，就是要保障主要海洋产业、龙头涉海企业及代表战略性海洋新兴产业的海洋高技术企业实现稳定的增长，而这也都要依托于海洋机构调整与职能转变的助力。

（三）江苏省海洋管理体制机制创新情况及主要特点

江苏省是全国的海洋大省之一，省委、省政府一直非常重视海洋经济和沿海地区发展，江苏省沿海开发上升为国家战略后，江苏省加快实施新一轮沿海开发战略，切实加强海洋管理、保护和发展，取得了新的成效。2015年9月13日，省政府与国家海洋局在南京举行工作会商，并签署了实施"一带一路"建设、共同推进江苏海洋强省建设合作框架协议。江苏省政府办公厅2017年2月正式印发《江苏省"十三五"海洋经济发展规划》。根据规划，到2020年，江苏要初步建成海洋经济强省，海洋经济综合实力和竞争力位居全国前列。

江苏持续加强海洋强省建设，海洋综合管理水平不断提高，以提高发展质量和效益为核心，以改革创新为动力，着力强化依法管海用海，大力推进海洋生态文明建设，形成海洋资源利用高效集约、开发保护空间格局逐步优化、海洋生态环境质量持续改善、海洋科技创新能力显著增强、基础保障能力显著提升的海洋事业新格局，创建全国海洋经济示范区、海洋科技人才集聚区、海洋生态宜居区和海洋综合管理体制机制先行区，海洋强省建设初见成效。沿海地区的港口、航道、公路等基础设施建设步伐明显加快，海洋工程装备、风电、生物医药等新兴产业发展迅速。

江苏省重点培育智库、江苏长江经济带研究院成长春等指出江苏省海洋经济发展过程中也面临发展水平明显滞后、开发层次相对偏低、科技服务较为薄弱、生态环境问题突出等困难和制约因素。需要树立现代海洋理念，优化海洋经济空间布局，构建现代海洋产业体系，建设海洋创新生态系统，完善海洋相关体制机制创新，推进江苏现代海洋经济发展。

（四）江苏省沿海三市海洋管理体制机制创新情况及主要特点

连云港市。科学修编海洋功能区划，强化围填海管理，有效保障海滨大道、跨海大桥、"一体两翼"港口、连云新城、赣榆新城以及临港产业重点项目用海。出台《连云港市海域使用权"直通车"制度》，编制完成《江苏省竹岛保护和利用规划》《江苏省秦山岛保护和利用规划》《江苏省海州湾海洋生物资源养护与生态环境修复规划》，成立海域使用权交易中心，建设国家级海域无人机基地，建成市县乡三级联动的海域使用动态监视监测网络，全面提升海洋综合管理水平。强化海洋环境监测工作，积极构建海洋环境在线监测系统。获批全国首批国家海洋牧场示范区，海洋牧场建成规模超150 km²，国家级海州湾海洋公园（海洋特别保护区）和水产种质资源保护区建设全面推进，总面积达到712 km²。积极推进海域、海岛、海岸带整治修复工作，按时完成秦山岛、连岛、竹岛整治修复工程。全面推进海洋生态补偿工作，认真实施连云港港30万吨级航道一期、赣榆港区前期工程等海洋生态补偿项目，有效推进海洋生态文明建设。

南通市。南通通过构建统筹利用和合理配置陆海资源要素、陆海产业协调发展和转型升级、江海联动特色发展和跨江融合发展、新型城镇化建设和城乡发展一体化、社会建设促进基本公共服务均等化、陆海生态环境保护的"六大体制机制"，取得了陆海统筹发展综合改革阶段性的成果。2014年以来，南通全面启动陆海统筹发展综合改革试点工作，出台了《南通陆海统筹发展综合改革总体方案》和《2016—2018年南通陆海统筹发展综合改革实施要点》，每年明确一批改革重大任务重点攻坚。被国家海洋局列为全国唯一的"国家海域综合管理试点市"；全国首家开展海上构（建）筑物可出资登记、首家对外发布建设用海海域基准价格评估技术规范，实现全国首例海域储备融资；被确定为国家首批海洋经济创新发展示范城市。先后出台了船舶、光伏产业、信息消费、海洋经济创新发展等政策意见，印发《"中国制造2025"南通行动纲要》。通州湾江海联动开发示范区获准设立，通州湾港区总体规划方案通过部省联合审查，中奥合作中心建成开放，中意海安生态园成功签约。南通机场、如东洋口港、启东港一类口岸开放获国务院批复，并通过验收。叠石桥市场采购贸易方式列为国家试点并全面实施，成为全省唯一"走出去"先行先试试点城市。海安获批开展国家中小城市综合改革试点，如皋市白蒲镇入选全国建制镇示范试点。南通成为国家级相对集中行政许可权改革、综合行政执法体制改革试点城市，全国第一家经中央编办、国务院法制办确定的地级市行政审批局成立运行。

盐城市。盐城制定出台《盐城市海域使用申请审批程序规定》《风电项目申请审批指南》《盐城市海域使用权招标拍卖实施办法》等文件，进一步规范海域审批程序，推进沿海滩涂和岸线战略资源的可持续利用。在项目用海审批上，严格按照海洋功能区划、海域使用权管理规定和《江苏省海洋产业发展指导目录（试行）》等规定，审批养殖用海和审查建设用海。2012年以来，市级审批养殖用海项目90宗，审查上报建设用海项目36宗。通过积极探索海域物权制度创新、开展海域资源市场化配置创新、实施海域资源差别化配置等方式强化市场导向，建立起海域保值增值体系。"出台海域使用权直通车制度，在全省率先推行海域使用权价值评估和海域使用权抵押贷款，把海域使用权这一'死资产'变成'活资本'，拓宽用海项目的融资渠道。"办理养殖海域使用权抵押贷款46宗，抵押海域面积9 100 hm²，抵押金额3.64亿元。40%以上的养殖用海以招标拍卖的形式对外出让，使海域资源的真正价值得到充分体现，有效化解了用海不公的问题。在海域使用权市场化配置上，不断探索和推进招、拍、挂方式，使海域使用管理更趋规范和高效。以"亩产效益论英雄"为导向，推动海域资源差别化配置改革，优先保障重大基础设施、民生和发展海洋经济的重点用海项目，新上项目必须符合国家《建设项目用海面积控制指标》文件要求，有力推进海域海岸线资源全面节约和高效利用。通过资源差别化配置，国电投、三峡新能源等一批国企央企落户投资，港口交通等基础设施逐步完善，海洋新兴产业规模不断壮大。

三、江苏省海洋管理体制机制创新发展问题

江苏省海洋经济虽然发展较快，但也存在总量不大、产业结构不优、产业核心技术不强、资源环境约束增大、经济配套管理有待完善等问题。江苏省海洋管理体制尚无法适应海洋事业发展的实际需要，这些问题突出表现为：海洋管理体制条块分割、各自为政，海洋行政主管部门的行政级别较低，导致目前涉海管理混乱，难以理顺，从而直接导致了宏观调控不利，微观领域盲目开发、重复建设等诸多复杂的问题，开展江苏海洋管理体制机制创新势在必行。

（一）海洋管理体制机制制约着海洋经济及区域协调发展

"九龙治海"是现行海洋行政管理体制的最形象比喻。陆海发展分离、各自为政，直接、间接涉海单位多达22个，政出多门，多头管理，缺位、越位、错位问题突出。比如，仅仅海洋治污，就牵涉海洋、环保、建设、农业、水利等诸多部门，部门之间彼此推诿现象常见。繁杂的管理体制不利于有关部门人员积极性的发挥，工作效率、创造力低下，行业服务和监管低效，职能缺失，管理体制机制缺陷严重影响到江苏海洋经济的发展和区域的协调发展。

（二）海洋资源管理体制亟待健全完善

现行的海洋资源管理体制可以概括为"产权管理与行政管理相结合、中央与地方相结合、行业管理与综合管理相结合"的"三结合"资源管理体制。分解来说

就是，一方面，"政府的自然资源所有权与行政权是结合配置的，政府对资源产权的行使主要表现为资源行政管理"。这是由我国的自然资源产权制度决定的，所有资源都归国家所有，国家是自然资源的名义产权所有者。另一方面，"纵向上建立了中央、省、市、县四级海洋资源监督管理机关，横向上形成了国家海洋局综合管理与其他行业部门（如渔业、矿业、海事等行政主管部门）分散管理并存的管理现状"。"三结合"资源管理体制是计划经济时代的产物，其产生发展自有其历史必然性与合理性。然而，随着社会主义市场经济体制的不断发展完善，加之海洋事业的迅速发展，原有的与计划经济相适应的政府海洋管理体制存在的弊端日益突出，已经无法满足海洋事业蓬勃发展的趋势，改革势在必行。

（三）海洋环境保护管理体制亟待健全完善

海洋环境保护面临的形势仍然严峻，主要难题集中在以下四个方面：第一，近岸海域污染尚未得到有效控制；第二，陆源污染物排海问题相当突出；第三，突发性海洋污损事件频发，损失巨大；第四，切实管好、用好、保护好海洋环境和资源，为社会经济的可持续发展提供重要的物质基础。

（四）海洋执法管理体制亟待健全完善

海洋执法管理的困境最能体现海洋管理体制改革的成因和必要性。目前主要有五支实行垂直管理的海洋执法队伍，分别是中国海监、中国海事、中国渔政、中国海警和中国海关，主体机构是1998年政府机构改革的产物。这种分散的海洋执法体制造成了海洋治理的关系难以理顺，因此这种状况被称之为"五龙闹海"，以此形象地指称分散的海洋执法体制。之所以形成如此高度分散的海洋执法与管理体制，在于在政府海洋管理模式上注重单项、单要素的职能管理，而现代的海洋管理具有一体性、综合性和生态相关性的特征，因此，发生"五龙闹海"的弊端在所难免。重组海洋局，基本形成了统一的海洋执法队伍，但是从体制上看还不够，改革还不到位。海洋局权威不够，海警局也没有把涉海全部力量统起来。其破解的关键就是改革和完善现有的海洋管理体制机制。

（五）海洋产业引领带动作用不强

港口物流业竞争力不强，货品转运能力亟待提升，需要在设备建造、信息化水平等方面有所增强；海洋渔业产业结构有待优化，远洋渔业尚未起步、外向型渔业贡献度未有明显提升，渔港和集散地基础设施建设仍有不足，渔港经济区辐射力有待增强；海洋旅游资源的经济效益尚未充分发挥，缺乏成熟的盈利模式，需要在资源挖掘利用、打造高端产品、提升管理服务水平等方面寻求突破；海洋生物医药、海水综合利用、海洋电力业等新兴产业尚未在转型升级上起到关键带动作用，亟须在政策层面加强引导。另外，海洋产业空间集聚能力不足，港产城还在一定程度上存在发展空间、岸线资源的争夺。

四、江苏省海洋管理体制机制创新发展思路

（一）战略定位和总体思路

1. 战略定位

江苏省作为"一带一路"建设与长江经济带发展战略的交汇区域，作为东部海洋经济圈的重要组成部分，特别是随着江苏"1+3"重点功能区战略的深入推进，江苏省沿海区域协同发展优势将进一步显现，现代海洋经济将成为"十三五"时期乃至未来若干年江苏经济最重要的增长极。继续扎实推进海洋经济转型升级，加强对探索性发展、创新性发展、引领性发展的研究思考，在建设"一带一路"交汇点等方面，加强体制机制创新，进一步加强谋划培育海洋经济新的增长点，不断提高江苏海洋经济发展的质量和水平，大力实施海洋生态系统综合管理，努力建设法治海洋，实现由海洋大省向海洋强省跨越。

2. 总体思路

江苏省海洋管理体制机制需要适时调整，紧紧围绕"四个全面"战略布局，牢固树立创新、协调、绿色、开放、共享五大发展理念，坚持聚力创新、聚焦富民，

以江苏海洋管理体制与机制面临的新矛盾新问题为主攻方向，不断深化对海洋体制与机制问题的创新研究，主动适应并引领江苏海洋经济发展新常态，加快供给侧结构性改革，以构建现代海洋产业体系为重点，以海洋科技创新为支撑，以海洋产业绿色发展为导向，以涉海基础设施和公共服务为保障，以改革开放为动力，打造创新引领、富有活力的全国海洋先进制造业基地、海洋科技创新及产业化高地、海洋产业开放合作示范区和海洋经济绿色发展先行区，拓展蓝色经济空间，建成海洋经济强省，为"强富美高"新江苏建设提供强力支撑。

江苏省要根据中央确立的改革方案设置符合地方实际的协调机构和管理政策，逐步建立和改革适应国内外形势发展的海洋管理体制机制，加强针对性强的海洋协调统一的管理体制机制，实现跨部门、跨地区、跨行业的统筹协调的利益整合，实现江苏省海洋整体利益的善治和海洋资源的可持续利用。

（二）发展目标及重点内容

1. 发展目标

"十三五"时期，创新江苏省海洋综合管理体制机制，建立综合协调机制，统筹协调海洋资源利用及环境管理工作，构建结构合理的现代海洋产业体系、发展现代海洋经济成为江苏经济新的增长极，建成具有江苏特色、在国际上有一定影响力的现代海洋产业体系，尽早实现海洋经济跨越式发展、海洋生产总值突破1万亿元目标，成为拉动江苏经济发展的有力引擎，使江苏海洋经济从"洼地"中崛起，为建设"强富美高"的新江苏做出贡献。通过海洋经济发展规划、产业体系打造、科技及体制机制创新、发展政策等方面的积极探索，对江苏海洋经济发展及其综合管理政策以及体制机制创新方面提供理论支撑。

2. 重点内容

一是创新海洋综合管理体制；二是用海审批上，积极扶持符合海洋产业政策的实体经济；三是严把用海项目海洋环境审查关，坚决杜绝落后产能，引导海洋产业结构调整；四是做大做强高端海洋装备、海洋新能源、海洋药物和生物制品、高效健康海水养殖等产业；五是积极推进海洋经济创新示范城市建设，继续打造一批海洋经济创新示范园区，促进海洋经济转型升级和集聚发展。

五、江苏省海洋管理体制机制创新发展对策

坚持科学用海、依法管海，统筹陆海开发机制，促进江海联动，创新海洋开放机制，全面融入"一带一路"建设，不断提升江苏省沿海开发开放水平，推进产业发展机制，大力发展海洋经济，改革市场机制，深入实施沿海开发战略，完善保障机制，扎实推进海洋体制机制创新。

（一）统筹海陆开发机制谋求集群效应

树立陆海统筹理念，从省级层面树立"依托海洋谋发展"的海洋战略意识，将沿海发展与沿江发展放置同样的战略高度。

一是建立海岸带综合管理体制。海岸带特指海洋与陆地交互作用的地区，包含滨海陆地与近岸海域。海岸带地区自然资源丰富，区位条件优越，是经济开发活动最频繁、经济最为发达的地区。坚持海域、海岛、海岸带及腹地一体化开发，引导海洋产业结构优化升级，促进海洋产业相互融合。做好区域协调发展，协调好沿海各区域间海洋产业布局，避免区域间的恶性竞争与重复建设，引导和推动海洋产业区域间的分工与合作。做好产业融合发展，以港口为龙头，以产业为支撑，以城市为载体，建设海洋经济园区，加快形成"港产城"融合发展模式，塑造海陆要素有序自由流动、海洋主体功能约束有效、海洋资源环境可承载的海陆协调发展新格局。

二是创新用海用地管理体制。任何大的战略，最终将落实到各个具体项目建设，项目建设最终需落实用地、用海等要素保障方面，要实现海岸线功能的空间统筹规划与沿海产业经济带规划等发展规划相统一。开展海洋空间资源调查工作，逐段核实江苏省沿海三市海岸线及河口的使用情况，制订《江苏省沿海海岸线分段开发与实施规划》，适时召开省海洋工作大会，明确生态、生产和生活空间，务必将

海岸线功能的空间统筹规划与沿海产业经济带规划等发展规划相统一，实现"一张图"管控海岸线。依托沿海区位优势，建立临港产业园区，构建沿海三大产业港口群，加快石油化工、钢铁与装备制造、生物科技、新能源、物流等临港产业集聚。

三是创新沿海滩涂开发与保护新机制。推进陆海统筹发展规划环评，深化国家级海洋生态文明示范区建设，优化近岸海域空间布局，推动远海、深海海域适度开发。高度重视6.67×10^4 hm^2滩涂围垦和6.67×10^4 hm^2盐田综合利用工作，抓紧推进东台条子泥6 667 hm^2围垦土地的开发利用和后续1.33×10^4 hm^2的围垦审批工作，完善《国家级滩涂综合开发实验区规划》。江苏省盐务局和沿海三市共同推进6.67×10^4 hm^2盐田综合利用，从省级层面积极推进国家级滩涂综合开发试验区建设，充分发挥滩涂和盐田在海洋经济发展中的综合效益，把江苏省沿海地区建成我国重要的土地后备资源开发区。

四是加大海域管理机制体制创新力度。随着沿海开发的深入推进，海域管理改革创新任务愈加艰巨，海域使用监管责任持续加大。将海湾、海域作为一个单元，实行海域一体化管理，加大海域管理机制体制创新力度，积极探索市场经济条件下海域管理的新办法、新模式，不断提升海域监管能力。加强海域管理制度建设，严把项目用海审批关、认真落实海域有偿使用制度等。选择在集中连片、规模较大的县区建设一批科学围填海示范工程，大胆打破围填海造地和土地建设指标的限制，实施海域使用直通车试点。选择连云港、南通等，组织开展凭海域使用权证书按程序办理工程建设手续试点，推进建立海域使用管理和工程建设管理无缝对接的新机制，出台海域使用权贷款抵押制度，拓宽海洋产业融资渠道。推动海域资源差别化配置改革，优先保障重大基础设施、民生和发展海洋经济的重点用海项目，新上项目必须符合国家《建设项目用海面积控制指标》文件要求，有力推进海域海岸线资源全面节约和高效利用。严格控制海湾内填海造地，鼓励海湾外填海造地，编制全省填海造地规划。支持采用BT模式投资填海造地，填海形成的建设用地由市、县人民政府土地收储机构，根据工程建设投资额和资金使用费用予以回购，拓宽填海造地的融资渠道，鼓励金融机构推广海域使用权抵押等融资业务。简化海域使用审批程序，实行审批并联制。例如，盐城市先后制定出台《盐城市海域使用申请审批程序规定》《风电项目申请审批指南》《盐城市海域使用权招标拍卖实施办法》等文件，进一步规范海域审批程序，推进沿海滩涂和岸线战略资源的可持续利用。还通过积极探索海域物权制度创新、开展海域资源市场化配置创新、实施海域资源差别化配置等方式强化市场导向，建立起海域保值增值体系。出台海域使用权直通车制度，推行海域使用权价值评估和海域使用权抵押贷款，把海域使用权这一"死资产"变成"活资本"，拓宽用海项目的融资渠道。盐城市办理养殖海域使用权抵押贷款46宗，抵押海域面积9 100 hm²，抵押金额3.64亿元。盐城市40%以上的养殖用海以招标拍卖的形式对外出让，使海域资源的真正价值得到充分体现，有效化解了用海不公的问题。在海域使用权市场化配置上，不断探索和推进招、拍、挂方式，使海域使用管理更趋规范和高效。

（二）创新海洋开放体制主动融入大局

当今时代，任何一个地区（区域）要获得发展，都离不开与周边地区以及区内多元主体之间的合作，封闭式的自我发展是难以为继的，树立大沿海意识，深度推进与"一带一路"互联互通的海上通道建设。借鉴国际沿海开发经验，确立全球化海洋经济发展理念，坚持开放发展，主动融入"一带一路"建设的大局，构建面向"海上丝绸之路"的开放型经济体系，从投融资、服务贸易、商务旅游等方面提升对外开放水平和国际影响力。

围绕发展大港口、大物流、大产业，扩大海洋经济领域的对内合作与对外开放，着力放大向东开放优势，做好向西开放文章，拓展对内对外合作新空间，增强陆海之间经济的整体性、产业的关联性，打造以沿海为纵轴，沿江、沿东陇海和沿淮横轴的"E"型特色海洋经济带。加强自由贸易园区平台、海洋产业集聚平台、港口物流平台、科技创新平台、海洋对外开放平台和海洋开发投融资平台等平台建设，逐步形成腹地经济广阔、产业发展配套、港口运行机制协调的开放型港口经济体系。

全力助推连云港申报自由贸易区，充分发挥连云港在"一带一路"建设中的双向开放窗口和海陆枢纽作用，加强与东南亚、南亚、中亚等国及丝绸之路经济带沿线地区的友好交流与合作，着力推进面向东南亚、欧洲、中亚地区的招商引资、宣传推介活动，借助"一带一路"建设全面提升对外合作水平。发挥国家东中西区域合作示范区优势，加强与中西部地区的经济合作，形成优势互补的良性互动局面。提升盐城中韩产业园合作的深度和广度，加快南通口岸对外开放步伐，三市合力参与"长三角"海洋产业分工协作。

加强与"长三角"、环渤海及其他各地区的联系与合作，加快承接"长三角"和环渤海地区产业转移，重点开展海洋旅游业、海洋交通运输、临海工业、海洋可再生能源、海洋生物医药、水产品精深加工等产业合作。实施互利共赢的开放战略，全面对接上海，助推上海加速建设"全球海洋中心城市"，实现海洋经济跨越式发展。

（三）推进产业发展机制聚焦重点领域

在海洋经济产业发展机制方面将发展现代海洋经济上升为江苏省重点发展战略，与"1+3"主体功能摆在同等重要地位，加大重点领域和关键环节改革力度，全面改善投资环境，创新招商方式，形成有利于海洋经济全面外向型发展的机制体制。

一是推进海洋经济产业体系创新。发展海洋经济，需要发挥海洋资源和特色产业优势，建设重点海洋产业区块，并培育海洋经济服务体系，才能够健全现代海洋产业体系，切实增强海洋经济综合竞争力。推动海洋传统产业转型升级。加大海洋渔业、临海重化工业、海洋交通运输、盐土农业等海洋传统产业技术创新力度，延长产业链，发展渔业深加工，提高海洋农业附加值，塑造国家级优势产业基地品牌形象。培育海洋新兴产业集群。瞄准国内外海洋产业发展前沿，强化海洋经济发展新空间，大力发展海洋可再生资源、海洋新材料、海洋新能源、风光渔互补、风光电一体、海水淡化、海洋生物制药等新兴产业，发展装备制造业、海洋油气开发和油气产业集群，完善产业链条，建设我国东部沿海地区最具成长性的海洋新兴产业高地。引导海洋服务业提质增效。制定《江苏现代海洋服务业发展实施方案》，坚持把服务业作为现代海洋产业调整升级的战略方向，省经信委、海洋与渔业管理部门联合推进现代服务业新兴产业的发展，产业发展重点从资源开发转向航运、物流及相关服务业、海洋金融、海洋法律服务等高附加值的高端海洋服务业，充分发挥江苏在南沙造岛、海工装备等方面的优势，创建"中国邮轮旅游发展实验区"，推动沿海三市邮轮项目的开发，积极参与国家重大项目建设，建成我国沿海地区重要的功能完善、业态高端、特色鲜明的江苏海洋现代服务高地。

二是合理定位海洋经济发展重点。发挥连云港"东方桥头堡"的战略优势，建设"海上连云港"工程，形成海洋经济创新发展的新型临港产业基地；发挥盐城广阔的滩涂和湿地资源优势，大力发展海洋现代种/养殖业以强化农业基础，建成富有特色的盐土农业新格局，打造海洋新能源、滩涂旅游、港口及工业园区基地建设的滩涂新增长点。发挥南通"靠江靠海靠上海"的区位优势，积极构建江海河联运体系，加快临港产业聚集区的形成，要在最前沿对接服务上海。三市合力发展港口物流、海洋交通运输、海洋生物医药、海洋船舶、滨海旅游、海洋工程装备等江苏海洋经济支柱型产业。

三是积极推进海洋载体建设创新。紧紧抓住空间载体、产业载体、港口载体和项目载体的建设。空间载体即海岸带综合管理。通过规划、立法、执法和行政监督，协调和监督管理海岸带的空间、资源、生态环境及其开发利用，保障海岸带的可持续利用。产业载体即海洋产业园区。制定内陆地区海洋产业联动发展示范基地建设方案，制定相应的引导政策，加快提高园区、企业载体集聚功能和资源要素配置效率，促进海洋产业集聚。港口载体即临港经济区，重点建设海洋产业集聚平台、港口物流平台、科技创新平台、海洋对外开放平台和海洋开发投融资平台等，逐步形成开放型港口经济体系。项目载体主要包括滩涂资源、港口群、海岛、滨海旅游城市、海洋生态环境、海洋资源深度开发六大海洋开发工程项目。

四是推进海洋科技支撑机制创新。推进海洋科技创新体系建设，形成海洋科研合力，逐步完善以科研院所、高等院校涉海专业、重点实验室以及企业研发中心等为主体的海洋科研与技术研发体系，加速创新资源集聚。加强国内外、省内外涉海高校、研究机构人才的整合与融合，支持淮海工学院等院校海洋研究能力提升发展，创建江苏海洋大学，着力构建海洋基础研究平台、高科技研发平台和科技应用平台，在沿海三市成立1～2个国家级海洋经济重点实验室，培育1～2个海洋工程技术中心和产业化示范基地，打造3个海洋科技示范园区。重点建设海洋装备、海洋生物医药等国家级科技创新研发平台，搭建国内一流的海洋产业公共服务平台，加快突破海洋产业发展关键技术。努力发展成为港口物流、航海航运、船舶与海洋工程、现代海洋渔业、海洋生物与海洋药物等领域的重要研究基地。加快推进海洋科技成果的转化与应用，完善海洋科研成果产业化扶持政策，建立一批海洋科研成果产业化基地，促进海洋经济从资源依赖向创新发展转变，从规模扩张向增强核心竞争力转变。设立海洋技术创新基金，鼓励引导企业加大科技投入，促进传统海洋产业升级换代。实施人才强海战略，围绕提高海洋科技创新能力，大力培养海洋新兴产业急需的企业经营管理人才、高技能人才、专业实用技术人才，依托各级各类科技项目和海洋工程开发项目，培养、引进一批高水平的科技领军人才和创新团队。运用现代技术开发海洋，引导海洋传统产业智能生产、绿色生产等新模式，提高海洋工业的高技术水平和产业化能力，平衡海洋经济发展与海洋环境资源管理；以前沿技术创新和战略性新兴产业发展为牵引，围绕海洋产业链部署创新链，使创新驱动成为海洋经济发展原动力，发挥南通国家级海洋经济创新发展示范城市引领作用，加快盐城、连云港两市国家级海洋经济创新发展示范城市建设步伐。

（四）改革市场机制激发海洋经济活力

一是以"政府推动+市场运作"模式推动港口建设。以港口建设为重点完善涉海基础设施，形成分层次发展的沿海港口群格局。充分发挥港口所在市与江苏港口集团的作用，以"政府推动+市场运作"模式，合理把握沿海港口发展建设节奏，提升港口对腹地的经济贡献度，以港口为龙头、港口城市为支撑、临港产业为主体，有序实施沿海港口建设与发展总体规划，构建科学、合理的"港、产、城"空间布局。围绕提高要素保障水平，加强集疏运体系建设，打造上海国际航运中心北翼江海组合强港，把南通建设成为重要的区域性综合交通枢纽。

　　二是推动"互联网+海洋产业"融合式发展。从鼓励产业转型升级的角度来看，大力推广ERP、DCS等信息技术在产品设计、生产流程再造中的应用，引导优势骨干企业向智能制造、服务制造转型，大力发展系统解决方案、远程维护等新型服务。紧跟"互联网+"新业态发展潮流，制定"互联网+海洋产业"系列行动方案，一方面加大海洋新兴产业项目招引力度，引进一批大数据龙头企业、配套企业及相关科研机构，打造标志性"互联网+海洋产业"创新高地；另一方面与国内外著名的云计算公司在云计算、大数据等领域开展广泛合作，依托互联网，将海洋产业链中各业务板块间的资源、需求、数据、信息等进行共享，共同推进智能海洋建设，将互联网的创新成果深度融合于海洋经济发展中。

　　三是推进海洋经济政策扶持机制创新。政策扶持机制对于进一步发展海洋经济、促进海洋产业升级具有重要作用。除了一系列海洋产业扶持政策，如产业准入政策、财税政策、要素保障政策、投融资政策等方面要有新的突破，针对土地要素保障方面，需要在土地利用规划计划管理、耕地保护集约用地上有所创新。这样，才能加快构建各级政府联动的海洋综合管理体制，健全各涉海部门间的协调机制和磋商制度。要提升效率，还需逐步放宽涉海公用设施特许经营范围，引入市场化运作模式，充分发挥政府与市场机制的互补作用。在用海、用岛、资源开发、税收等方面大胆创新，出台相关优惠政策，创造海洋经济良好的发展环境，使资金、技术、人才等要素"引得来，留得住，用得好"。充分利用国家和地方性政策，积极发挥产业政策的引导作用，出台加快海洋经济发展的指导性意见，并由职能部门出台财政金融、税收优惠、人才引进、项目服务、科技发展等专项支持政策。

　　四是推进海洋经济投融资体制创新。加快发展海洋经济，离不开有效的金融支持与服务。要积极争取和引进涉海金融机构进驻，鼓励支持社会资金参与海洋经济发展，支持海洋企业直接融资加快发展，促进体制机制创新，形成多层次投融资格局。完善海洋金融服务体系也对海洋经济的发展和体制机制的创新起着重要作用。一方面，充分利用财政手段，保证海洋经济发展过程中资金来源的充足性、稳定性和持续性，实施定向投入措施，积极争取国家、省级资金资助，将海洋开发与保护建设资金列入各级财政预算，设立涉海基础设施建设等重大项目的专项资金；建立科技兴海多元基金投入机制，积极争取国内政策性贷款和国际贷款，引导银行机构加大对海洋经济信贷支持力度。大力开展海域使用权抵押贷款制度，支持符合条件的涉海企业发行债券和上市融资，通过发行股票、企业债券、项目融资、股权置换以及资产重组等多种方式筹措资金，鼓励开展海洋产业保险业务。设立海洋产业发展基金，制定扶持民间投资的财政、信贷等政策，鼓励民间资本参与海洋资源开发与保护。另一方面，创新投融资机制，积极引用信托基金、产业基金、创业基金、资产证券化等新型融资方式，利用资本市场把社会资金集中起来用于海洋产业项目建设，积极引导涉海企业，尤其是高新技术企业进入产权交易市场，用技术和股权换取资金，实现投资主体多元化；搭建政银企合作平台，建立海洋融资项目信息库和信息共享平台，引导银行业金融机构采取项目贷款、银团贷款等多种模式，优先满足海洋新兴产业、临港先进制造业、港口物流业等的资金需求。争取在沿海及海岛地区扩大村镇银行、农村资金互助社、小额贷款公司等新型农村金融组织试点，引导民间资金参与海洋经济发展。

（五）完善保障机制提高资源配置效率

一是创新海洋管理决策领导机制。江苏省当前实行的是上下同构的分散型海洋管理体制，这就要求海洋管理体制改革一方面要解决横向的职能分割问题，另一方面又要解决纵向的条块分割问题。从国外的海洋管理的实践中可以看到，综合部门通常负责涉海重要事务的监管工作，而一些细分的专业性较强的工作则交由专门部门负责。将一些专业性强的海洋事务集中起来交给少数几个行政部门处理，一方面是将有限的海洋管理力量集中起来，有利于主要工作的完成；另一方面，将分散的海洋管理职能整合到负责海洋综合管理的行政机构中，主要海洋事务集中起来，管理部门数量也会减少，也有利于厘清部门之间的权责关系。另外，将一些重要海洋事务集中管理，有利于冲破地方利益的局限，提升核心部门的管理效能。江苏省接下来也要打破海洋管理中分散的行业管理体制，将现行海洋权属管理、海洋环境管理、海洋渔业管理、海上交通安全、海上救助、海上治安监管等职能进行整合，在

"海＋渔"海洋综合管理模式的基础上，建立"大部制"的海洋综合执法体制。参照广东、山东等省，将海洋与渔业管理部门调整为省政府组成部门，更名为江苏省海洋与渔业厅；成立由省长牵头，省发展改革委、沿海办、海洋与渔业管理部门、盐务局、经信委、环保局等共同参与的江苏省现代海洋经济发展工作领导小组，成立由沿海三市的市长及县长为组长以及各级党委、政府主要负责同志为组员的推进工作协调机构。改变海洋管理政出多门，解决当前海洋环境与海洋经济发展之间的矛盾，革新传统海洋管理理念、思想观念，才有可能建立和维护海洋管理的体制机制，强化对海洋经济发展工作的领导和协调，形成合力，对推进江苏省沿海战略建设发挥重要作用，进一步加强合作，推动江苏海洋强省建设。

二是实施现代海洋经济发展考核机制。由省委、省政府聘请专家成立江苏省沿海经济带建设专家咨询委员会，制定适合江苏省及沿海三市的权威性总体海洋经济发展战略，定期对已有规划进行修正和完善。制定江苏海洋经济发展考核办法，加大海洋经济发展指标考核权重，在保障海洋经济发展质量的前提下，大力发展海洋支柱型产业。

三是创新海洋生态文明保障机制。海洋是有别于陆地的特殊资源载体，有着独特的物理、化学、生态等方面的性质。相比陆地而言，海洋系统的各个组成部分之间的相互联系和相互影响更加直接紧密，在开发利用海洋的同时，应认识到把海洋作为生命保障系统加以保护。因为，海洋污染扩散容易而治理和恢复则很困难，对海洋的生态破坏也容易造成快速和广泛的连锁反应。要思考如何构建保护海洋资源环境，确保海洋健康发展的管理机制。保护海洋生态环境，促进可持续利用，应该成为海洋经济发展的基本要求。用制度保护生态环境，坚持激励与约束共举，构建产权明晰、多元参与、系统完整的生态文明制度体系。坚持可持续发展，加大自然生态系统和环境保护力度，大力推进绿色发展、循环发展、低碳发展，使发展规模、速度与资源环境承载力相适应，推动海洋开发方式由资源消耗型向循环利用型转变，提高海洋资源利用效率和综合效益，实现海洋经济增长与海域生态环境质量共同提升，走海洋产业现代化与海洋生态环境相协调的持续健康发展之路。

严格涉海工程环评审批的管理；完善市县两级海洋环境监测体系；进一步完善海洋生态补偿制度、规范海洋生态补偿费的征收使用等。率先开展以贝类增殖、海藻养殖、海草种植为主要内容的海洋蓝色碳汇试点；加强海洋生态环境修复，建成一批海洋生态环境修复示范区；完善陆海污染综合防治体系，实施跨区域海洋环境联合治理，建立近岸海域排污总量控制计划和入海污染物总量与浓度控制制度，开展海洋环境容量和总量控制试点，建立重点海域入海污染物总量控制工作机制和陆海监测信息共享制度；制定海洋环境保护责任考核指标体系，开展海洋环境保护责任考核试点，推进建立沿海政府海洋环境保护责任考核机制。加快沿海、沿河城镇生活污水、垃圾处理和工业废水处理设施建设。规划建设一批海洋自然保护区、生态湿地保护区、海洋特别保护区等，维护海洋物种多样性。建立海洋生态损害补偿（赔偿）制度，实施海洋生态修复工程，保护海洋岸线和滩涂资源，修复近海重要生态功能区。提高海洋环境监管能力，建立海洋环境在线监测系统。

四是优化海洋文化塑造机制。加大海洋文化创意产业发展的政策支持力度，调动多方力量参与海洋文化产业发展，采用海洋文化展览会、海洋影片制作等形式，引起全省对海洋的关注。挖掘海洋文化内涵，发展海洋文化产业。积极推进海洋文化与信息技术结合，培育文化博览、动漫游戏、影视制作等海洋文化创意产业，建设一批海洋文化创意产业示范区。加大青少年海洋教育力度，在学校设立海洋教育课程，使青少年认识海洋的自然规律和作用。建立更多的海洋博物馆和海洋水族馆，使孩子们从小就接受海洋文化的熏陶，增强海洋意识和海洋法制观念。做好海洋宣传公益广告。充分利用电视、报纸、大型LED显示屏等大众媒体，播放宣传海洋公益广告、公益宣传片，通过媒体对海洋环境及资源、海洋法律知识的宣传报道，增加民众科学开发利用海洋的意识，增强海洋法律知识，通过增加海洋广告、公益宣传片的播出时间，产生潜移默化的教育效果。发挥沿海自然、人文旅游资源丰富的优势，积极推进海洋生态旅游和文化产业的发展，设立海洋文化发展基金，开辟多形式的海洋文化教育渠道，倡导成立海洋宣传教育与海洋文化机构，积极构建现代海洋文化产业体系，努力打造一批具有鲜明特色和经济社会效益俱佳的海洋文化产业群。

五是推进"数字海洋"智慧导航机制。开展海洋监测体系规划，建设覆盖全海域的天基和空基、岸基和平台基、海基和海床基等立体观测网。完善海洋资源普查机制，加快构建全省综合统一的海洋数字化管理平台。强化海域和海岛使用全过程动态监管，加大海域使用、海洋环境保护、海岛开发保护等执法力度，坚决查处各种违法用海、破坏海洋生态环境的行为。健全海洋灾害应急体系，完善海洋灾害应急机制，全面提升海洋防灾减灾能力。

海域使用权法制化管理创新机制研究

一、引言

  自《中华人民共和国海域使用管理法》颁布后，我国的海域使用权法制化管理创新机制研究出现第一个高峰，研究焦点集中于海域使用权的性质上，江苏省率先出台海域使用权抵押担保办法并开展江苏省海域使用权流转办法草案的调研和论证。《中华人民共和国物权法》出台后，我国学术界从物权法角度对海域使用权法制化管理开展研究不断深入，新的管理创新研究成果层出不穷，有些成果已经直接或间接地被地方立法所吸收。

  江苏省在海域使用权法制化管理创新活动方面一直走在全国沿海省市前列，以《中华人民共和国海域使用管理法》《中华人民共和国物权法》为指导，江苏省海域使用权抵押担保和海域使用权流转等制度创新硕果累累。

  近几年来的海域使用权法制化管理研究回应实践迫切需求，出现的创新机制如下。一是对海域使用权管理配套制度研究的创新机制研究，包括海域使用权价值评估制度、海域使用权招拍挂制度、海域使用权确权制度、海域使用权续期、收回与征收制度等；二是对新型用海模式的法制化管理创新机制研究，包括海洋牧场、海洋休闲渔业（娱乐渔业）等管理制度。新的管理创新研究成果层出不穷，有些成果已经直接或间接地被地方立法所吸收。

  在已有的研究成果基础上，本研究的学术成果，可以为海域出让、使用、流转等过程的法制化管理中已经或可能出现的实际法律问题的解决提供有益的指导、借鉴与启发，可以为江苏省及其他地区海域使用权管理的更广泛更深层次立法提供参考建议。

二、海域使用管理过程发展问题

长期以来，我国对海域这块蓝色国土的管理并没有像对待陆地国土管理那样，有一套较为完善的管理体系。

我国宪法规定：海域归国家所有。也就是说，海域是共有财产。共有财产资源的非排他性和消费竞争性的产权特点，使其在利用过程中会产生外部性，即产生所谓的"公地悲剧"。多年来，海域使用者任意占有使用海域，他们开发无序，利用无度，使用无偿，一些地方甚至出现了海洋的"圈地运动"。这不仅造成了海洋资源和空间的巨大浪费，而且也破坏了海洋环境，降低了海域开发效益。这一事实客观上证明了"公地悲剧"的存在。

根据本课题调研，问题主要集中于以下几个方面。

（一）海域使用权确权、出让、使用、流转等方面存在的问题

以赣榆区为例，总海域面积约7.2×10^4 hm²，其中港口用海面积约1.3×10^4 hm²，保护区占用约0.5×10^4 hm²，养殖用海5.4×10^4 hm²。养殖用海确权188宗，面积约3.2×10^4 hm²。其中围海养殖面积约400 hm²，其余为开放式养殖用海。其中由镇村确权的28宗（海头镇14宗、青口镇9宗、宋庄镇5宗），其余都是确权给个人（公司）或者协会。截至目前，共有16宗用海没有按时缴纳海域使用金并办理海域续期、年审手续。工程围海情况如下，已经获批复围填海总量约712 hm²，其中确权发证606.894 6 hm²。

1. 用海情况

其一，赣榆区滨海新城区域用海。赣榆区滨海新城区域用海位于赣榆新城东部沙汪河至青口河岸段岸外海域，濒临海岸，依托现有岸外滩涂建设，是新城景观核心区与高端商务区。区域用海围海造陆面积297 hm²，填海面积235 hm²，内海面积

62 hm²。其中滨海新城黄海旭日等四宗用海确权发证，滨海新城海堤大道、滨海新城路网工程2宗备案。

其二，赣榆港区用海。从2010年起，共确权10宗用海，围填海规模约360 hm²。公共航道开放式用海约520 hm²。其中防波堤二期取得批复，因与日照用海重复，暂时没有取得海域使用权证书。

其三，柘汪渔港用海。围填海面积19.498 3 hm²，其中港池用海4.932 4 hm²，填海面积14.565 9 hm²。

2. 未确权海域

其一，石桥镇潮间带约1 300 hm²（木套河至马庄河）。其中原有各村确权9宗用海，约于2012年停止办理海域使用手续。

其二，海头镇潮间带约4 000 hm²（马庄河至兴庄河），其中1 300 hm²被紫菜养殖占用。

未确权理由：不敢确权，位于养殖与捕捞矛盾区。

建议采取措施：要求石桥镇和海头镇确权管理，如不确权，海洋行政执法部门可查处。

秦山岛周围约200 hm²，部分被下口紫菜养殖占用，海洋行政执法部门曾处罚过。这块位于秦山岛生态保护区，无法确权。生态资源恢复区4 500 hm²，非法养殖情况不明。

未确权理由：不能确权，不符合海洋功能区划。

建议采取措施：海洋行政执法部门加强保护。

其三，港口区。未确权理由：养殖情况不明。

建议采取措施：海洋行政执法部门调查并查处。在这里考查小组主要论述的是海域使用权的确权问题，在灌云县和赣榆区海洋与渔业局调研期间两局均反映海域确权困难，这种困难主要来自于人员用海范围不清、规划用海范围不清以及海域界限规划不明确。在我国现有的海域使用规划中，多以平面规划为主，但是海洋情况有别于陆上，海域具有立体性和多层次性，所以在海域确权中应该引入立体分层确权制度。例如，我们简单对海域进行分层管理规划，上层用于观光旅游业或者休闲渔业；中层进行鱼类养殖和捕捞；底层用于海生经济作物养殖和贝类虾蟹类养殖。这种立体分层确权制度可以有效化解平面确权带来的矛盾。目前在平面确权实行过程中，赣榆区引入导旗划区，可以有效解决水面使用纠纷，但是为了提高海域整体使用效率，多层次利用海域，解决养殖捕捞纠纷，立体分层确权不失为一种可以考虑的确权制度。

3. 海域界限规划不明

其一，各类用海界限划分不明。目前海州湾引入用海保护制度，用海分为核心用海、保护用海、捕捞用海、养殖用海、旅游用海等，还包括一些过渡性用海，划分初衷都是为了科学合理用海，但是在实际操作过程中，难以把界限规划落到实处，跨界跨区域用海不可避免，海上执法力量也难以有效监管。

其二，海域省界界限划分不明。由于苏鲁线未勘界，管理界线不明确，国家海洋局在双方主张重叠海域不再配号确权，导致部分用海无法确权发证，管理困难。至今山东省和江苏省的海域界限也没有明确划分，前三岛作为争议岛屿，虽然在江苏省的实际管控之下，但周边临界海域一直没有归属定论，这就给海域确权带来了非常大的困难，两省过渡海域成为三不管地区。两省的海警、海事、海洋行政执法部门渔政部门为了避免执法冲突，都不愿意在此海域执法，这就造成了海域使用混乱，一些人员在此非法停泊或违法作业，严重破坏海上生产建设秩序。确权是使用、流转、出让的前提性条件，只有让确权更加科学、合理、明确、法制化，后续的过程才可以依法高效进行。

（二）海域法制化管理中存在的问题

第一，航道、锚地占用情况仍未解决。国家规划审批的国家性航道使用情况相对较好，但是地方性航道和一些民用航道占用情况相对严重。国家级大型航道一般水域较为宽广，通航船舶吨位较大，海洋行政执法部门渔政执法力量相对集中，养殖户的网箱、花架即使占用了部分航道，就算不被执法船只的拖刀割走，也会被大吨位船舶拖走损坏，所以主航道、锚地被违规占用情况较好。但是次航道、地方航道、民用航道情况不容乐观，非法养殖户占用航道、锚地的情况时有发生。这些养殖户以外地籍船舶为主，不惧怕地方执法部门，擅长打游击，仅仅依靠一艘或数艘泡沫筏就拖家带口出海作业，不仅自身危险，而且危害他人作业船只正常航行或生产，也给本地原本守法的养殖户带来负面引导。例如，据渔民反映，原本连云港港至灌云县燕尾港的航线现在被非法养殖户占用，基本处于堵死状态，渔船想要去燕尾港必须绕道很远的外海才可以到达。造成这种现象的主要原因有三：一是违法成本太低，目前违法养殖一个紫菜花架罚款1万元，即便被执法船割坏一个花架最多损失几万元，但是利润却远远高于违法成本，而且并不会被吊销行政许可，非法养殖户愿意冒着高风险去违规用海；二是海上行政执法力量不足，海上执法困难有风险这一点必须承认，但不应该成为执法松散的理由，仅仅依靠一年几次的专项整治是远远不够的；三是港口船舶管理不严格，由于大量的渔港是开放性港口，达不到法制化、制度化管理，松散的港口管理会导致违法船舶在海上恣意横行、打游击，为逃避执法打击提供有利条件。

第二，养殖和捕捞作业的矛盾尖锐。从目前在连云港地区从事海上生产作业的行业分布来看，连云区、赣榆区、灌云县、徐圩新区等地从事水产养殖业的数量占比将近90%，远远超过捕捞作业人数，而且这个比例还在逐年增长。以连云区高公岛街道为例，该辖区内在册船舶124艘，捕捞船仅18艘，而养殖船有106艘。原因有二：一是近年来海域污染情况严重，近海无鱼可打，有的渔民不得不航行到公海甚至是日本、韩国界海去捕捞水产品，这是近年来我国渔船遭外国扣押的主要原因；二是水产养殖业经济效益高，以连云区高公岛街道三个行政村为例，相关从业人员人均纯收入达到26 365元，仅黄窝一个村的年紫菜产值利润就高达1.6亿元。而且连云港沿海渔村的紫菜养殖业是主导产业，已经形成养殖、加工、生产、销售的一套完整产业链。那么在这种情况下养殖和捕捞的矛盾在所难免，这种矛盾主要体现在两个方面。第一个方面是养捕矛盾。养殖空间在不断挤压捕捞空间，同一片海域，养殖户对养殖产品分层投放喂养时并没有考虑捕捞的情况，那么捕捞船在不知情的情况下，使用了不适宜的网具、不适宜的收网方式，容易捕捞起养殖户投放的产品，这也是引起养捕纠纷的一个起因。第二个方面是养殖户之间的矛盾，主要是侵占他人用海问题，但由于近几年通过设置导旗等方式进行了确权划海，这种情况有所好转。

第三，海洋环境保护效果不佳。目前尽管各县区海洋与渔业局都设置了海洋环境监测站，但在实际执法和治理方面比较滞后。海州湾由于前几年的毁灭性捕捞作业，渔业资源匮乏，近海无鱼可捕的状况客观存在。灌云的燕尾港更是成为了"垃圾港"，生活垃圾随处倾倒，严重威胁近海水质。连云区的部分企业在海底清淤作业中采用野蛮爆破等清理方式，破坏海床自然环境，使得海床在短期内难以自行修复。以黄窝村养殖文蛤失败为例，当地人就认为是某企业的海底爆破致使淤泥覆盖养殖区，导致文蛤大面积死亡。而且地方环保、海事等部门在监管上存在交叉部分和盲区，难以有效监管。尽管在整体海域使用规划上划分了生态保护用海，但迟迟没有落实，即使落实了也没法有效监管，海洋环保形势依然严峻。

经过了解，连云港海域污染主要集中在海域水体的污染，海岛礁石的破坏和水生生物的多样性破坏。

海域水体污染，主要来源是工业污水排放和生活垃圾倾倒。部分沿海化工企业的污水处理未达标就排放入海中，导致近海有毒有害化学成分增加，直接影响养殖效益和捕捞效果。海州湾渔场曾是著名的渔场，但现在面临无鱼可捕的尴尬局面，大量渔民放弃捕捞转变为养殖户，其余的基本都航行至南通吕四渔场进行捕捞，甚至铤而走险越界捕捞。例如，发生于2016年9月29日的韩国海警炮击中国渔船致3人死亡一案中，涉案船舶就系连云港市赣榆区海头镇籍渔船。对于渔业资源的枯竭现状，虽然毁灭性捕捞是首要罪魁，但海域污染也是不可回避的原因。紫菜养殖户今年发现紫菜产量有下降趋势，认为这也与水质有着密不可分的关系。生活垃圾倾倒主要集中在港区、码头附近，对港区水域产生重要影响。这种垃圾分为陆生垃圾和海生垃圾。在灌云县燕尾港明显可见满地的垃圾场，这就是陆上居民往港区倾倒垃圾的后果。部分外地渔民拖家带口吃住都在船上，产生的生活垃圾、网具残骸以及机油柴油等都排入海中，这就是海生垃圾的来源。核污染也是连云港沿海渔民关心的话题，当地居民一直认为田湾核电站的核循环冷却用水排入海中会导致核污染的扩散，尽管政府划分了核循环冷却水排放海域，但由于海水的流动势必会导致核物质的扩散。目前海上环保执法力量薄弱，仅仅依靠海洋行政执法部门、渔政等部门远远达不到执法要求和强度，而且存在环保、海事、海洋行政执法部门渔政各自为政的现象，监管有交叉或盲区。

第四，海岛礁石的破坏。连云港拥有全省近2/3的海岛，共计20个海岛、10个低潮高地、2个暗沙暗礁。其中大部分是无人岛，这就给盗挖海砂等违法行为提供了场所。但由于近期海上行政执法部门严厉打击违规开采海砂的行为，这一现象有所好转。目前部分无人岛也正在开发旅游项目资源，海岛在相关环保评审上暂无数据资料。制造人工鱼礁可以对海生生物以及岛屿保护带来有益影响。以秦山岛为例，该岛位于江苏省北部沿海的海州湾海域，行政隶属于连云港市赣榆区，距最近的沿海岸线约8 km。全岛狭长形，呈单面山形态，东西长1 000 m，宽200 m，岸线长约2.6 km，面积约0.14 km²，最高点海拔高程57.0 m。2011年被列入国家首批无居民海岛开发名录，功能定位为旅游娱乐用岛。2011年国家海洋局批复江苏省秦山岛整治修复及保护项目，总投资2 147万元，其中中央财政资金1 825万元，对码头、岸线、水资源及防空洞等军事设施进行整治修复。2014年10月该项目通过国家海洋局竣工验收。2014年11月，江苏省秦山岛无居民海岛保护与利用示范项目获得国家海洋局批复，项目总投资1.173 5亿元，其中中央海域使用金专项资金1.1亿元，地方配套735万元。通过对秦山岛环岛路建设、山体治理、海岛绿化、垃圾污水处理、海岛供电、供水、人文景观示范、海岛生态环境影响评估等工程的实施，使秦山岛的生态和旅游资源得到有效保护和监管，显著提高了秦山岛的使用价值和开发利用潜力。

第五，水生生物多样性的破坏。根据江苏省环保厅检测数据，连云港近海海产品镉含量出现超标，铅、锌、汞、铬偶见超标，海水富营养化严重，主要见于贝类和甲壳类海生生物。上面多次提及的海州湾渔业资源枯竭就是生物多样性破坏的最好证明，对于毁灭性捕捞的监管有待加强。目前只能积极引入人工增殖技术，让生物多样性尽快恢复。

我国目前这种海域使用和流转的粗放经营和无序状态，不仅造成了海洋资源和空间的巨大浪费，而且也破坏了海洋环境，降低了海域开发效益。海洋经济发展的客观形势充分说明：只有建立完善的海域使用权法制化管理制度，通过海域使用权的合法有序流转，才能充分发挥有限海域资源的效用，增强海洋开发的资本运作能力。

因此，通过不断创新，构建完备的海域管理制度体系，已经成为我国特别是沿海地区的当务之急。

三、用海规划法制化管理机制创新

近年来的实践表明："规划入海"是海域使用权一级市场形成与可持续发展的前提条件。为了海洋经济能够较快地良性发展以及保护海洋环境，各级政府应当对海洋开发与保护有一个比较全面的长远的发展规划，也要有一个中短期的用海规划。其中，海洋功能区划制度是构建与完善用海规划法律制度的先导与关键。

所谓用海规划，是指一国或一定地区范围内，按照经济发展的前景和需要，对海域的合理使用与保护所作出的长期和中短期安排。用海规划旨在保证海域的利用能满足国民经济各部门按比例可持续发展的要求。规划的依据是现有自然资源、技术资源和人力资源的分布和配置状况，目的在于使已开发的海域得到充分、有效、合理的利用，而不因人为的原因造成浪费。

海洋功能区划是用海规划的关键环节。所谓海洋功能区划，是指根据海洋区域的地理位置、自然资源条件和环境状况，结合考虑海洋开发利用的现状和经济社会发展的需要，划分出不同的具有特定主导功能区域，这些区域能够适应不同开发方式并且能够取得最佳综合经济效益和社会效益。海洋功能区划是一项基础性工作。

《中华人民共和国海域使用管理法》具体规定了海洋功能的区划与编制、申报与批准、修改与公布等具体程序。准确的全国和地方各级海洋功能区划，有利于合理开发海洋资源，保护海洋环境，实现海域的可持续利用。

（一）我国海洋功能区划制度的逐步建立与存在的问题

海洋功能区划制度是我国海域使用管理的一项重要制度，也是规制海域使用出让与转让的基本制度。《中华人民共和国海域使用管理法》明确确定，国家实行海洋功能区划制度。这就明确宣示了海洋功能区划的法律地位是一种由国家实行的制度。海域功能区划体现了国家的主权、利益、管理原则、海洋环境保护以及海洋经济发展方向。因此，海洋功能区划是指导和调控海域使用、保护和改善海洋环境的重要依据和手段，是各类用海年度计划管理和用海项目审批的依据。

自1988年开始，为适应沿海大开发，我国逐步开始进行有关海洋功能区划的工作。2001年《中华人民共和国海域使用管理法》颁布，对建立海洋功能区划制度做了明确的规范。自2001—2005年，中国政府加强了海洋功能区划的监督管理，逐步调整了不符合海洋功能区划的用海项目，努力使得重点海域开发利用基本符合海洋功能区划，并把控制住近岸海域环境质量恶化的趋势作为重要目标之一。自2006—2010年，国家进一步严格实行海洋功能区划制度，要求各地海域开发利用必须符合海洋功能区划，以确保我国海洋经济进入稳步发展阶段。

通过20多年来的用海管理实践，我国海洋功能区划逐步形成两个分类体系——五类四级的分类体系和十类二级的分类体系。依据1997年国家技术监督局发布的《海洋功能区划技术导则》（GB 17108—1997），海洋区划指标为五类四级，其中经营性用海项目主要集中在"开发利用区"大类及其所属的亚类、子类和种类。2002年国务院批准发布的《全国海洋功能区划》，采用十类二级分类体系。根据该体系，2006年国家技术监督局发布《海洋功能区划技术导则》（GB/T 17108—2006），确立了十类二级的分类体系，其中经营性用海主要包括第1至第7类一级区及其所属的二级区。两种分类体系从形式上有很大调整，但保留的分类及其包含的内容差别不是很大，有些分类如旅游资源利用区、矿产资源利用区等内容基本相同。依据海洋功能区规划，我国经营性用海主要包括港口航运、渔业资源利用、矿产资源开发、滨海旅游开发、海水资源利用、围填海建设、海洋能与风能等项目。近几年江苏省海洋功能区划工作走在全国前列，目前已基本完成了全省海域功能区划工作。表3-1为江苏省部分沿海县市海洋农业渔业区划。

表3-1 江苏省主要沿海县市海洋农业渔业区划

一级类		海岸功能区名称	地区	地理位置	规划用途与使用现状	规划依据	管理创新要求	
代码	类型						海域使用管理	海洋环境保护
A1-06	农渔业区	蒲港农业围垦业	响水县	蒲港北侧	滩面高程2 m左右，现有高涂养殖和大米草	新滩围垦规划	1.围垦必须科学论证，严格控制围垦规模；2.围垦必须严格申请审批制度，取得海域使用权后组织实施	1.围垦与保护环境协调进行；2.严格海域论证、环评工作
A1-07	农渔业区	三圩港农业围垦区	响水县	蒲港至三圩港	滩面高程2 m左右，现有高涂养殖和大米草	三圩港围垦规划	1.围垦必须科学论证，严格控制围垦规模；2.围垦必须严格申请审批制度，取得海域使用权后组织实施	1.围垦与保护环境协调进行；2.严格海域论证、环评工作
A-08	农渔业区	套子口农业围垦区	响水县	八圩港至中山河口	滩面高程在2 m左右，现为贝类增养殖区	套子口围垦规划	1.围垦必须科学论证，严格控制围垦规模；2.围垦必须严格申请审批制度，取得海域使用权后组织实施	1.围垦与保护环境协调进行；2.严格海域论证、环评工作

续表3-1

一级类		海岸功能区名称	地区	地理位置	规划用途与使用用现状	规划依据	管理创新要求	
代码	类型						海域使用管理	海洋环境保护
A-09	农渔业区	双运农业围垦区	射阳县	双洋港至运粮河之间	围海养殖、开放式养殖	省滩涂围垦规划	1.围垦必须科学论证，严格控制围垦规模； 2.围垦必须严格申请审批制度，取得海域使用权后组织实施	1.围垦与保护环境协调进行； 2.严格海域论证、环评工作
A1-10	农渔业区	运粮河南农业围垦区	射阳县	运粮河至运粮河南6 500 m处之间	围海养殖、开放式养殖	省滩涂围垦规划	1.围垦必须科学论证，严格控制围垦规模； 2.围垦必须严格申请审批制度，取得海域使用权后组织实施	1.围垦与保护环境协调进行； 2.严格海域论证、环评工作
A1-11	农渔业区	川台农业围垦区	大丰市	川东港至"台丰线"之间滩涂	贝类护养区域	上轮区划保留	1.围垦必须科学论证，严格控制围垦规模； 2.围垦必须严格申请审批制度，取得海域使用权后组织实施	1.围垦与保护环境协调进行； 2.严格海域论证、环评工作

续表3-1

一级类		海岸功能区名称	地区	地理位置	规划用途与使用现状	规划依据	管理创新要求	
代码	类型						海域使用管理	海洋环境保护
A1-12	农渔业区	川北农业围垦区	东台市	"合丰线"至川水港闸之间滩涂	主要进行贝类养殖	《东台经济社会发展规划》，该海域具备围垦条件；发展海边旅游业和生态农业	1.围垦必须科学论证，严格控制围垦规模；2.围垦必须严格申请审批制度，取得海域使用权后组织实施；3.发展海派生态观光农业	1.使用海域的水质应符合GB 3097-1997和GB 11607-1998的规定；2.用海者应加强海域环境和资源的保护与管理
A1-13	农渔业区	川南农业围垦区	东台市	川水港闸至梁垛河闸之间滩涂	主要进行贝类养殖	《东台规划》，该海域具备围垦条件；发展海边旅游业和生态农业	1.围垦必须科学论证，严格控制围垦规模；2.围垦必须严格申请审批制度，取得海域使用权后组织实施；3.发展海派生态观光农业	1.使用海域的水质应符合GB 3097-1997和GB 11607-1998的规定；2.用海者应加强海域环境和资源的保护与管理
A1-34	农渔业区	陈家港渔港	响水县	陈家港团港	群众渔港，水域面积40×10⁴ m²，平均水深10 m，码头长50 m	上轮区划保留	在渔港内新建、改建、扩建各种设施或者进行其他作业上、水下施工作业的，除依照国家规定审批渔港外，应报渔政管理机关准	1.加强水质监测，防止法律损害事故发生；2.海水水质达到二类水质标准

续表3-1

一级类		海岸功能区名称	地区	地理位置	规划用途与使用现状	规划依据	管理创新要求	
代码	类型						海域使用管理	海洋环境保护
A1-35	农渔业区	新滩育苗场	响水县	新滩港西侧	虾、蛏、贝类育苗	已建成	在渔港内新建、改建、扩建各种设施或者进行其他水上、水下施工作业的，除依照国家规定履行审批手续外，应报渔港监督管理机关批准	1.加强水质监测，防止法律损害事故发生；2.海水水质达到二类水质标准
A1-36	农渔业区	新淮河渔港	滨海县	中山河口滨海闸下	群众渔港，平均水深1.2 m	上轮区划保留	在渔港内新建、改建、扩建各种设施或者进行其他水上、水下施工作业的，除依照国家规定履行审批手续外，应报渔港监督管理机关批准	1.加强水质监测，防止法律损害事故发生；2.海水水质达到二类水质标准
A1-37	农渔业区	翻身河渔港	滨海县	翻身河闸下	群众渔港，平均水深2.4m，正在申报一级渔港	上轮区划保留	在渔港内新建、改建、扩建各种设施或者进行其他水上、水下施工作业的，除依照国家规定履行审批手续外，应报渔港监督管理机关批准	1.加强水质监测，防止法律损害事故发生；2.海水水质达到二类水质标准

续表3-1

一级类		海岸功能区名称	地区	地理位置	规划用途与使用用现状	规划依据	管理创新要求	
代码	类型						海域使用管理	海洋环境保护
A1-38	农渔业区	二暗港渔港	滨海县	二暗闸下	群众渔港，平均水深0.8 m	上轮区划保留	在渔港内新建、改建、扩建各种建设或者进行其他水上、水下施工作业的，除依照国家规定履行审批手续外，应报渔政管理机关批准	1.加强水质监测，防止法律损害事故发生；2.海水水质达到二类水质标准
A1-39	农渔业区	扁担港渔港	滨海县	扁担港口	群众渔港平均水深1.5 m，码头长200 m	上轮区划保留	在渔港内新建、改建、扩建各种建设或者进行其他水上、水下施工作业的，除依照国家规定履行审批手续外，应报渔政管理机关批准	1.加强水质监测，防止法律损害事故发生；2.海水水质达到二类水质标准
A1-40	农渔业区	畚套河渔港	射阳县	畚套河闸下	群众渔港	农（渔政）第13号	在渔港内新建、改建、扩建各种建设或者进行其他水上、水下施工作业的，除依照国家规定履行审批手续外，应报渔政管理机关批准	1.加强水质监测，防止法律损害事故发生；2.海水水质达到二类水质标准

续表3-1

一级类		海岸功能区名称	地区	地理位置	规划用途与使用现状	规划依据	管理创新要求	
代码	类型						海域使用管理	海洋环境保护
A1-41	农渔业区	双洋港渔港	射阳县	双洋河闸下	群众渔港	农（渔政）第13号	在渔港内新建、改建、扩建各种设施或者进行其他工作业上、水下施工作业的，除依照国家规定履行审批手续外，应报渔政管理机关批准监督管理渔港	1.加强水质监测，防止法律损害事故发生；2.海水水质达到二类水质标准
A1-42	农渔业区	射阳港渔港	射阳县	射阳河闸下	群众渔港	农（渔政）第13号	在渔港内新建、改建、扩建各种设施或者进行其他工作业上、水下施工作业的，除依照国家规定履行审批手续外，应报渔政管理机关批准监督管理渔港	1.加强水质监测，防止法律损害事故发生；2.海水水质达到二类水质标准
A1-43	农渔业区	黄沙港渔港	射阳县	黄沙港闸下	国家中心渔港	农计函（2005）333号	在渔港内新建、改建、扩建各种设施或者进行其他工作业上、水下施工作业的，除依照国家规定履行审批手续外，应报渔政管理机关批准监督管理渔港	1.加强水质监测，防止法律损害事故发生；2.海水水质达到二类水质标准

续表3-1

一级类		海岸功能区名称	地区	地理位置	规划用途与使用现状	规划依据	管理创新要求		海洋环境保护
代码	类型						海域使用管理		
A1-44	农渔业区	新洋港渔港	射阳县	新洋港闸下	群众渔港	农（渔政）第13号	在渔港内新建、改建或者进行各种建设或者进行其他水上、水下施工作业的，除依照国家规定履行审批手续外，应报渔政监督管理机关批准		1.加强水质监测，防止法律损害事故发生；2.海水水质达到二类水质标准
A1-45	农渔业区	斗龙渔港	大丰市	斗龙港闸下	群众渔港，平均水深3.6 m，码头90 m	一级渔港建设方案	在渔港内新建、改建或者进行各种建设或者进行其他水上、水下施工作业的，除依照国家规定履行审批手续外，应报渔政监督管理机关批准		1.加强水质监测，防止法律损害事故发生；2.海水水质达到二类水质标准
A1-46	农渔业区	四卯酉渔港	大丰市	四卯酉闸下	群众渔港，平均水深3.3 m	传统渔港	在渔港内新建、改建或者进行各种建设或者进行其他水上、水下施工作业的，除依照国家规定履行审批手续外，应报渔政监督管理机关批准		1.加强水质监测，防止法律损害事故发生；2.海水水质达到二类水质标准

续表3-1

一级类		海岸功能区名称	地区	地理位置	规划用途与使用用现状	规划依据	管理创新要求	
代码	类型						海域使用管理	海洋环境保护
A1-47	农渔业区	王港渔港	大丰市	王港闸下	群众渔港，平均水深3.0 m	传统渔港	在渔港内新建、改建或者进行其他工作业上、水下施工作业的，除依照国家规定履行审批手续外，应报渔政管理机关批准监督管理渔港	1.加强水质监测，防止法律损害事故发生；2.海水水质达到二类水质标准
A1-48	农渔业区	竹港渔港	大丰市	新竹港港闸下	在建	下迁渔港	在渔港内新建、改建或者进行其他工作业上、水下施工作业的，除依照国家规定履行审批手续外，应报渔政管理机关批准监督管理渔港	1.加强水质监测，防止法律损害事故发生；2.海水水质达到二类水质标准
A1-49	农渔业区	川东渔港	大丰市	新川东闸下	在建	下迁渔港	在渔港内新建、改建或者进行其他工作业上、水下施工作业的，除依照国家规定履行审批手续外，应报渔政管理机关批准监督管理渔港	1.加强水质监测，防止法律损害事故发生；2.海水水质达到二类水质标准

续表3—1

一级类		海岸功能区名称	地区	地理位置	规划用途与使用现状	规划依据	管理创新要求	
代码	类型						海域使用管理	海洋环境保护
A1—50	农渔业区	川水港渔港	东台市	川水港闸下游	目前主要进行贝类养殖	依据实际用海规划	在渔港内新建、改建、扩建各种设施或者进行其他水上、水下施工作业的，除依照国家规定履行审批手续外，应报渔政管理机关批准	1.使用海域的水质应符合GB 3097—1997和GB 11607—1998的规定；2.用海者应加强海域环境和资源的保护与管理
A1—51	农渔业区	梁垛河渔港	东台市	梁垛河南、北闸下游	目前主要进行贝类养殖	依据实际用海规划	在渔港内新建、改建、扩建各种设施或者进行其他水上、水下施工作业的，除依照国家规定履行审批手续外，应报渔政管理机关批准	1.使用海域的水质应符合GB 3097—1997和GB 11607—1998的规定；2.用海者应加强海域环境和资源的保护与管理
A1—52	农渔业区	琼港一级渔港（方塘河渔港）	东台市	方塘河闸北1km和方南垦区及东侧至"安台线"之间滩涂	目前主要进行贝类养殖	依据上轮海洋功能区划；《江苏省东台市琼港一级渔港建设项目可行性研究报告》	在渔港内新建、改建、扩建各种设施或者进行其他水上、水下施工作业的，除依照国家规定履行审批手续外，应报渔政管理机关批准	1.使用海域的水质应符合GB 3097—1997和GB 11607—1998的规定；2.用海者应加强海域环境和资源的保护与管理

续表3-1

| 一级类 | | 海岸功能区名称 | 地区 | 地理位置 | 规划用途与使用现状 | 规划依据 | 管理创新要求 | |
代码	类型						海域使用管理	海洋环境保护
A1-67	农渔业区	灌蒲滩涂养殖区	响水县	灌河口至蒲港，一线海堤外侧滩涂	高涂养殖以虾、苗、蛏混养为主，产对虾30kg，蛏120kg左右	上轮功能区划保留	1.使用海域必须依法取得海域使用权；2.必须按《海域使用权证书》载明的用途使用海域	1.使用海域的水质应符合GB 3097—1997和GB 11607—1998的规定；2.用海者应加强海域环境和资源的保护与管理
A1-68	农渔业区	蒲中滩涂养殖区	响水县	蒲港至中山河口，一线海堤外侧滩涂	高涂养殖以虾、苗、蛏混养为主，产对虾30kg，蛏120kg左右	上轮功能区划保留	1.使用海域必须依法取得海域使用权；2.必须按《海域使用权证书》载明的用途使用海域	1.使用海域的水质应符合GB 3097—1997和GB 11607—1998的规定；2.用海者应加强海域环境和资源的保护与管理
A1-69	农渔业区	裕虾滩涂养殖区	滨海县	裕华闸至虾须港、㽏港之间滩涂	高涂养殖以虾、苗、蛏混养为主，产对虾30kg，蛏120kg左右	上轮功能区划保留	1.使用海域必须依法取得海域使用权；2.必须按《海域使用权证书》载明的用途使用海域	1.使用海域的水质应符合GB 3097—1997和GB 11607—1998的规定；2.用海者应加强海域环境和资源的保护与管理

续表3-1

一级类		海岸功能区名称	地区	地理位置	规划用途与使用现状	规划依据	管理创新要求	
代码	类型						海域使用管理	海洋环境保护
A1-70	农渔业区	振二滩涂养殖区	滨海县	振东闸至二罾闸外侧滩涂	贝、藻类养殖	上轮功能区划保留	1.使用海域必须依法取得海域使用权；2.必须按《海域使用权证书》载明的用途使用海域	1.使用海域的水质应符合GB 3097—1997和GB 11607—1998的规定；2.用海者应加强海域环境和资源的保护与管理
A1-71	农渔业区	二扁滩涂养殖区	滨海县	二罾闸至海品闸外侧滩涂	贝、藻类养殖	上轮功能区划保留	1.使用海域必须依法取得海域使用权；2.必须按《海域使用权证书》载明的用途使用海域	1.使用海域的水质应符合GB 3097—1997和GB 11607—1998的规定；2.用海者应加强海域环境和资源的保护与管理
A1-72	农渔业区	扁担港滩涂养殖区	滨海县	北至扁担港，西至射阳界，南至六垛虾场北堆，东至低潮线	贝、藻类养殖	上轮功能区划保留	1.使用海域必须依法取得海域使用权；2.必须按《海域使用权证书》载明的用途使用海域	1.使用海域的水质应符合GB 3097—1997和GB 11607—1998的规定；2.用海者应加强海域环境和资源的保护与管理

续表3-1

一级类		海岸功能区名称	地区	地理位置	规划用途与使用现状	规划依据	管理创新要求	
代码	类型						海域使用管理	海洋环境保护
A1-73	农渔业区	六垛滩涂养殖区	滨海县	扁担河至大湾河口之间沿岸海域	围海养殖、开放式养殖	上轮功能区划保留	1.使用海域必须依法取得海域使用权；2.必须按《海域使用权证书》载明的用途使用海域	1.使用海域的水质应符合 GB 3097—1997 和 GB 11607—1998的规定；2.用海者应加强海域环境和资源的保护与管理
A1-74	农渔业区	双运滩涂养殖区	射阳县	双洋港至运粮河之间的沿岸海域	开放式养殖		1.使用海域必须依法取得海域使用权；2.必须按《海域使用权证书》载明的用途使用海域	1.使用海域的水质应符合 GB 3097—1997 和 GB 11607—1998的规定；2.用海者应加强海域环境和资源的保护与管理
A1-75	农渔业区	运射滩涂养殖区	射阳县	运粮河至射阳河之间的沿岸海域	开放式养殖		1.使用海域必须依法取得海域使用权；2.必须按《海域使用权证书》载明的用途使用海域	1.使用海域的水质应符合 GB 3097—1997 和 GB 11607—1998的规定；2.用海者应加强海域环境和资源的保护与管理

续表3-1

一级类		海岸功能区名称	地区	地理位置	规划用途与使用现状	规划依据	管理创新要求	
代码	类型						海域使用管理	海洋环境保护
A1-76	农渔业区	射新滩涂养殖区	射阳县	射阳河至新洋港之间的沿岸海域	开放式养殖		1.使用海域必须依法取得海域使用权; 2.必须按《海域使用权证书》载明的用途使用海域	1.使用海域的水质应符合GB 3097-1997和GB 11607-1998的规定; 2.用海者应加强海域环境和资源的保护与管理
A1-77	农渔业区	斗四养殖区	大丰市	斗龙港至四卯酉河之间的沿岸海域	高涂养殖、贝类护养	上轮功能区划保留	1.使用海域必须依法取得海域使用权; 2.必须按《海域使用权证书》载明的用途使用海域	1.使用海域的水质应符合GB 3097-1997和GB 11607-1998的规定; 2.用海者应加强海域环境和资源的保护与管理
A1-78	农渔业区	四大滩涂养殖区	大丰市	四卯酉河至大丰港引堤胸脚之间沿岸滩涂	高涂养殖、贝类护养	上轮功能区划保留,因港口建设,面积减少	1.使用海域必须依法取得海域使用权; 2.必须按《海域使用权证书》载明的用途使用海域	1.使用海域的水质应符合GB 3097-1997和GB 11607-1998的规定; 2.用海者应加强海域环境和资源的保护与管理

续表3-1

一级类		海岸功能区名称	地区	地理位置	规划用途与使用现状	规划依据	管理创新要求	
代码	类型						海域使用管理	海洋环境保护
A1-79	农渔业区	大王滩涂养殖区	大丰市	大丰港引堤至王港之间沿岸滩涂	高涂养殖、贝类护养	上轮功能区划保留，因港口建设，面积减少	1.使用海域必须依法取得海域使用权；2.必须按《海域使用权证书》载明的用途使用海域	1.使用海域的水质应符合GB 3097—1997和GB 11607—1998的规定；2.用海者应加强海域环境和资源的保护与管理
A1-80	农渔业区	王川滩涂养殖区	大丰市	王港至川东港之间沿岸滩涂	高涂养殖、贝类护养	上轮功能区划保留，因港口建设，面积减少	1.使用海域必须依法取得海域使用权；2.必须按《海域使用权证书》载明的用途使用海域	1.使用海域的水质应符合GB 3097—1997和GB 11607—1998的规定；2.用海者应加强海域环境和资源的保护与管理
A1-81	农渔业区	川东港南养殖区	大丰市	川东港至东台界之间沿岸滩涂	高涂养殖、贝类护养	上轮功能区划保留	1.使用海域必须依法取得海域使用权；2.必须按《海域使用权证书》载明的用途使用海域	1.使用海域的水质应符合GB 3097—1997和GB 11607—1998的规定；2.用海者应加强海域环境和资源的保护与管理

续表3-1

一级类		海岸功能区名称	地区	地理位置	规划用途与使用现状	规划依据	管理创新要求	
代码	类型						海域使用管理	海洋环境保护
A1-82	农渔业区	梁垛河北养殖区	东台市	"台丰线"至东台河之间南垦区外侧滩涂	目前主要进行贝类养殖	参照上轮海洋功能区划及东台沿海自然条件等情况	1.使用海域必须依法取得海域使用权；2.必须按《海域使用权证书》载明的用途使用海域；3.梁垛河北养殖区北端约10 000 hm²的面积用于国家珍禽保护区实验区置换	1.使用海域的水质应符合GB 3097—1997和GB 11607—1998的规定；2.用海者应加强海域环境和资源的保护与管理
A1-83	农渔业区	仓东垦区养殖区	东台市	仓东垦区区内	目前主要进行高涂养殖		1.使用海域必须依法取得海域使用权；2.必须按《海域使用权证书》载明的用途使用海域	1.使用海域的水质应符合GB 3097—1997和GB 11607—1998的规定；2.用海者应加强海域环境和资源的保护与管理

资料来源：江苏省海洋与渔业局及2017年课题组实际调研考察材料。

这些海洋功能区划已经成为我国海洋管理的重要手段。海洋功能区划对保护海洋环境，调整海洋开发利用活动，特别是对规范海域使用权一级市场，已经起到越来越重要的作用。

但是，我国作为海域使用管理基本制度的海洋功能区划制度仍然存在着很多问题与不足，需要进一步完善。由于相关法律法规的缺失，地方各级海洋功能区划随意性还比较大，某些数据不精确，功能划分与布置不合理。总体来说，我国海洋功能区划编制水平不高，编制程序、技术规则，特别是修改程序方面的法律制度严重缺失，使得功能区划带有很大的随意性与盲目性。根据我们的调研，在部分沿海地区，区划被批准后往往可以被轻易地甚至随意地修改；有些地区的某些用海项目根本就没有按照海洋功能区划执行，以至于功能区划方案得不到严格的实施。这些问题的存在，不仅影响了海洋的合理开发，更导致了海洋环境的破坏与海洋环境质量的持续恶化。

要进一步完善海洋功能区划的法律制度，必须在《中华人民共和国海域使用管理法》和《中华人民共和国海洋环境保护法》等法律法规基础上，完善有关海洋功能区划的法律制度，将国家海洋局制定的《海洋功能区划管理规定》由规章层次上升到法律层次，并且增加惩戒与救济规范，强化有关法律规制，充分发挥海洋功能区划制度的指导作用。

（二）区域经营性用海规划制度的完善

我国目前还没有明确的用海规划法，这直接影响了海洋开发的管理与规制，产生了严重的后果。例如，近年来，由于缺乏科学规划和总体控制，一些沿海地区出现了围填海规模增长过快、海岸和近岸海域资源利用粗放、局部海域生态环境破坏严重、防灾减灾能力明显降低等问题，甚至对国民经济宏观调控的有效实施也造成了一定影响。

因此，当务之急是加快有关用海规划的立法，完善用海规划的法律制度。该制度应当体现以下几个方面的内容。

第一，区域用海规划应当以海洋功能区划为指导。尤其是在用海规划法律体系建立和完善之前，沿海地区政府应当将海洋功能区划作为指导和调控海域使用、保护和改善海洋环境的重要基础性依据和手段，作为各类用海年度计划和用海项目审批的依据。

第二，区域用海规划应当建立在精准的论证基础上，即对区域用海选址、方式、面积、期限的合理性及其对环境的影响都要进行充分而又精准的论证与评价。

第三，用海项目审查必须以区域用海规划为主要依据，建立相关的检察监督和责任追究机制。

四、海域使用权市场的形成与管理机制的创新

海域使用权出让是指拥有审批权力的人民政府以法定方式向海域使用权受让人授予海域使用权的行为。依照《中华人民共和国海域使用管理法》的规定，单位和个人取得海域使用权，主要有如下三种方式。

第一，向法律规定的县级以上人民政府海洋行政主管部门申请取得，这是行政审批的方式。

第二，招标的方式，就是运用市场机制，将海域使用权授予公开竞标中的优胜者。

第三，拍卖的方式，也是应用市场机制，以公开竞价的形式，将海域使用权转让给最高应价者。

这三种出让方式在《中华人民共和国海域使用管理法》中都有明确规定。近年来，一些沿海地区政府开始试行挂牌等出让方式。海域使用权挂牌出让是指海洋行政主管部门按有关法律法规规定的原则和程序，以公开报价的形式，在规定的时间内，向申请海域使用权报价最高者出让海域使用权的行为。

（一）海域使用权的申请取得及相关法律制度的完善

单位和个人向县级以上人民政府海洋行政主管部门提交使用海域申请之后，有关部门需要对该项申请进行严格的审查，对符合条件者依法予以批准。也就是说，

海域使用权的申请取得包括申请与审批两个环节。

1. 审批包括审批程序与审批权限

第一，审批的内容与程序。县级以上人民政府海洋行政主管部门依据海洋功能区划、国家法律法规和所在省、自治区、直辖市法规规章进行初步审核。审核内容包括：审核申请者名称、地址，申请使用海域位置、面积、用途、期限，并将该海域使用申请向社会公示；审核海域使用论证报告书或报告表，凡是海域使用论证审核或者评审意见认为不可行的海域使用申请，海洋行政主管部门不得上报人民政府批准。如果认为符合条件要求，报有批准权的人民政府批准。与此同时，还应当征求同级有关部门的意见。有批准权的人民政府经审查，认为海域使用申请人申请使用的海域符合海洋功能区划和有关法律、法规的规定，予以批准。批准后由该人民政府对海域使用权进行登记造册，向海域使用申请人颁发海域使用权证书。至此，海域使用申请人方取得海域使用权。也就是说，海域使用申请人自领取海域使用权证书之日起，取得海域使用权。

第二，审批权限。在法律上对海域使用的审批权限分为两个层次。第一个层次是国务院的审批权（法定的审批项目为：填海50 hm^{2}以上的项目用海；围海100 hm^{2}以上的项目用海；不改变海域自然属性用海700 hm^{2}以上的项目用海；国家重大建设项目用海；国务院规定的其他项目用海）。第二个层次是国务院审批的用海项目以外的其他用海项目（其审批权限由国务院授权省、自治区、直辖市人民政府规定）。

2. 海域使用权申请取得的利弊及相关管理制度的完善

审批作为一种行政方式，主要基于国家和社会公共利益的需要，类似于土地使用权的划拨。审批的前提是申请，即申请使用海域的单位或个人，向县级以上人民政府海洋行政主管部门提交书面申请书以及海域使用论证材料和相关的资信证明等材料，县级以上人民政府海洋行政主管部门对申请仅有审核权，批准权由有批准权的中央和地方人民政府依法行使。由于审批这种出让方式容易造成某些政府机关及行政领导的权力寻租行为，进而容易造成腐败现象及国家海洋财产的大量流失，因而必须严格程序，完善相关的法律制度。这些制度应当明确规定申请取得的项目必须属于公益用海，申请人必须具有开展公益事业的物质与技术条件，对海域的使用与转让必须规定更为严格的条件限制，还要规定明确的法律责任追究制度。

（二）海域使用权的招标、拍卖或挂牌取得与相关制度的完善

海域使用权可以通过招标、拍卖或挂牌方式取得，招标、拍卖或挂牌方案应当由海洋行政主管部门制定，报有审批权的人民政府批准后才能组织实施。通过进行招标、拍卖或挂牌，依法确定海域使用权受让人后，还要对海域使用权进行登记造册，由有批准权的人民政府或者海洋行政主管部门向中标人或者买受人颁发海域使用权证书。中标人或者买受人自领取海域使用权证书之日起，取得海域使用权。

1. 海域使用权的招标、拍卖或挂牌取得的利弊

海域使用权招标、拍卖、挂牌方式具有很强的公开性、公平性、竞争性、高效性等优点，符合市场经济发展的要求，有利于海域的有偿使用。然而，从目前我国海域一级市场的发育情况来看，招标、拍卖、挂牌出让的比例普遍偏小。

由于相关法律制度不完善以及实践经验不足，海域使用权的招标、拍卖或挂牌取得还存在很多问题。据调查，这些问题主要包括：有关信息不易保密，底价容易泄漏；价款交付不及时，过后不易追缴；易受到竞争强度的制约，在缺乏竞争性的情况下，招标、拍卖、挂牌就难以进行。即使竞拍成功，海域使用权人还有很多诸如所得海域使用权剩余年限往往较少等问题，以至于融资困难。例如，在江苏省连云港市曾有一位养殖户希望将所拍得的海域使用权证书作为抵押，从银行贷款作为周转资金。某金融单位派人来到市海洋与渔业局进行调查，发现海域使用的年限较短，以此作为抵押的权证，对银行来说风险较大，结果这桩海域使用权抵押贷款事项未能成功。尤其需要指出的是：海域资源作为一种国家所有的自然资源，理当具有国家的资源禀赋，其初始转让时应当注重公平原则，再分配时才注重效率。因此，在实际操作过程中必须考虑到当地以海为生的渔民利益，不能完全"一刀切"。

2. 完善有关海域使用权招标、拍卖或挂牌取得的管理制度

为了充分发挥海域使用权的招标、拍卖或挂牌取得等出让方式的优越性并克服其不足，必须进一步完善有关规章制度，强化法律规制。

第一，完善有关招标、拍卖、挂牌的法制。尽快构建与完善有关出让海域使用权招标、拍卖或挂牌取得的法律法规以及相应的政府规章、条例与办法。

第二，大力推行招标、拍卖、挂牌制度。要提高海域资源配置市场化程度，就必须一方面尽可能多地采用招标、拍卖、挂牌等出让海域使用权的方式；另一方面要严格控制海域使用权申请取得等方式的采用，同时加强对以申请取得的方式出让海域使用权的制度规范。一般来说，海域使用权申请取得的方式，目前应限定在公益项目等特殊用海以及缺失难以形成竞争的经营性项目用海的范围之内，对于可能形成市场竞争的经营性项目用海，应采用招标、拍卖或挂牌出让方式。

海域使用权市场化不仅需要有完善的法律制度，也需要切实转变政府职能。海域使用权是一种特殊商品，首先应当以市场为主导决定其价格，但因其特殊性又不能完全市场化。政府必须依法对海域使用权交易行为进行有效监管、规范、协调，并控制交易总量，依据海洋功能区划与规划严格规制海域的用途。因此，政府应当将其职能转移到为海域使用权市场提供有效的管理监督和服务的轨道上来。这些职能主要包括以下几个方面：为海域使用权一级和二级市场制定规章、细则、办法以及海域功能区划、规划和规则，制作并及时发布海洋环境与海域使用权出让信息，严格登记海域使用权出让与转让程序，有效进行管理监督并提供优质服务，以确保海域资源的合理保护、高效率配置和可持续利用。

五、海域使用与养护的法制化创新机制

海洋开发如果不与保护并重，则海洋资源既不能实现良性再生，又不能防止海洋环境污染。因此，建立海域使用与养护的法制化创新机制势在必行。在此方面，连云港市对海洋牧场生态的法制化创新管理创新实践具有全国性示范意义。

　　所谓海洋牧场，是指在海洋中通过人工鱼礁、增殖放流等生态工程建设，修复或优化海域生态环境、保护和增殖渔业资源，并对生态、生物及渔业生产进行科学管理，使生态效益、经济效益及社会效益得到协调发展的海洋空间。根据不同的建设目的和功能定位，海洋牧场可以分为公益性海洋牧场和经营性海洋牧场。

　　江苏省人大于2016年12月通过的《连云港市海洋牧场管理条例》（以下简称《海洋牧场条例》）将海洋牧场的规划建设及开发经营全部纳入法制化管理轨道，在此基础上，实现海洋生态保护的法治化管理创新。

　　《海洋牧场条例》主要对海洋牧场生态环境保护的行政执法主体、监管制度与办法、海洋牧场投资经营主体的义务与行为规范等内容做了规定，实行开发与保护并重，为海洋生态资源可持续良性发展提供法律保障。

（一）建立完善的海洋牧场法制化监督机制

　　建设海洋牧场，有利于更好地开发利用海洋，海洋生态环境保护越来越显得重要，对海洋生态环境的管理也越来越需要规范和严格。因此，需要通过地方立法来进一步明确各有关管理部门的管理职责和管理手段，建立完善的法律制度和管理机制。

　　环境保护行政主管部门作为环境保护统一监督管理的部门，对本级政府管辖海域内的海洋环境保护工作有指导、协调和监督职责，负责防治本行政区域内陆源污染物和海岸工程建设项目对海洋污染损害的环境保护工作。环境保护行政主管部门，有权对海洋环境保护工作予以指导，有权对各部门在海洋环境保护工作中的合作和统一行动需要协调时予以协调，并有权对其他部门的海洋环境保护工作进行协调与监督。市县（区）环境保护行政主管部门具体负责防治陆源污染物和海岸工程建设项目对海洋牧场污染损害的环境保护工作。环境保护行政主管部门有权力，也有义务控制陆源污染物对海洋环境的污染，并防治海岸工程建设项目对海洋牧场环境的污染损害。海洋环境保护的实践证明，环境保护部门未能充分发挥其海洋环境保护主管部门作用的原因：一是受到条件的限制；二是职责规定不够明确。因此，《海洋牧场条例》明确规定：环境保护行政主管部门对海洋牧场环境保护工作实施有指导、协调和监督职责以及防治陆源污染物和海岸工程建设项目对海洋牧场污染损害的环境保护工作的监督职能。

海洋行政主管部门在国家环境保护方针、政策的指导下，负责具体的海洋环境监督管理工作，负责组织海洋牧场海洋环境的调查、监测、监视、评价及污染损害防治等工作。海洋行政主管部门通过海上巡航监视海洋牧场环境，对海洋环境污染事故及时调查处理。海洋行政主管部门重点负责防治海洋工程建设项目和海洋倾倒废弃物对海洋牧场环境的污染损害。《海洋牧场条例》充分赋予海洋行政主管部门海洋环境监督管理权，这有利于维护海洋牧场环境。

（二）逐步建立海洋牧场生态保护补偿的法制化创新机制，采取有效措施修复生态环境

建立海洋牧场生态补偿制度是确保海洋牧场生态功能区建设的迫切需要。海洋牧场生态补偿制度是以防止海洋牧场生态环境被破坏、增强和促进海洋牧场生态系统良性发展为目的，以从事对海洋牧场生态环境产生或可能产生影响的生产、经营、开发、利用者为对象，以海洋牧场生态环境整治及恢复为主要内容，以经济调节为手段，以法律为保障的新型环境管理制度。

海洋牧场生态补偿制度可以分为广义和狭义两种。广义的海洋牧场生态补偿制度包括对污染环境的补偿和对海洋牧场生态功能的补偿。狭义的海洋牧场生态补偿制度，则专指对海洋牧场生态功能或海洋牧场生态价值的补偿，包括对为保护和恢复海洋牧场生态环境及其功能而付出代价、做出牺牲的单位和个人进行经济补偿；对因开发利用矿产、野生动植物等自然资源和自然景观而损害海洋牧场生态功能或导致海洋牧场生态价值丧失的单位和个人收取经济补偿。这是建设资源节约型、环境友好型社会，最终实现和谐社会目标的重要组成部分，也是建立海洋牧场生态补偿制度的出发点。

在法治化环境中，任何单位和个人都应当为破坏海洋牧场生态环境行为承担法律责任和修复海洋生态环境责任，其目的是为了保护海洋生态环境，促进海洋生态文明建设。要根据海洋环境损害状况，科学选择治理修复方式，采取清理海洋牧

场及附近地区的工程废弃物，加强海岸防护、人工补沙、植被固沙、湿地恢复、开堤通海、海底清淤与底质改造、改善海岛地形地貌和基础设施、恢复岛陆植被、清理海域污染物、改善海域水质、生态养殖、碳汇渔业、渔业增殖放流、建设人工鱼礁、建设海洋牧场等针对性措施，确保治理修复效果。

（三）海洋生态环境质量监测工作的法制化创新机制

海洋与渔业行政主管部门对海洋牧场水质和水动力等生态环境参数实施监测，对海洋牧场生态环境质量实施有效管控，指导海洋牧场投资经营主体科学养殖生产。这对于提升海洋牧场建设的经济效益、生态效益和社会效益，具有十分重要的意义。海洋牧场监测是一项创新性的系统工程，涉及多个环节和方面，需要各方的通力协作，更需要海洋牧场投资经营主体的配合。

黄海海域安全与应急管理机制研究

一、引言

中国黄海海域安全是我国海洋安全乃至国家安全的重要组成部分。近年来，我国与周边国家围绕黄海海洋权益产生的矛盾和冲突有所加剧，其中不仅涉及经济和政治问题，也牵涉军事和安全问题；既有渔业、矿业资源之争，更有岛屿、领海以及海域划界之争，大量矛盾和冲突集中在海域问题领域，致使黄海安全问题成为影响我国与东北亚地区邻国国际关系发展的一个重要变量。海域安全属于典型的非传统安全事件，所谓非传统安全，是指那些不同于传统的军事安全和政治安全、发生于战场之外的且能够给国家安全带来实质性影响的安全事件。

目前，在中国黄海海域，船舶碰撞、海域污染等安全事件时有发生，给海域安全与应急管理带来了严峻的挑战。因此及时发现中国黄海海域安全与应急管理机制存在的问题并提出有效的解决措施是本研究的重点。

二、中国黄海海域安全与应急管理机制发展现状

（一）基本情况

我国经济全球化进程的步伐在加快，我国对于世界经济的发展将做出更大的贡献；另一方面，这也导致了我国面临的外部安全风险在增加，传统安全事件与非传统安全事件都有可能给我国的国民安全、资本安全和商品安全带来风险。其中海域

安全就属于典型的非传统安全。从这个意义上可以说，中国黄海海域安全是我国海洋安全乃至国家安全的重要组成部分。

（二）主要特点或特征

作为非传统安全，黄海海域安全具有以下特点。

从行为主体来看具有很大的不确定性特点。导致非传统安全事件发生的不一定是主权国家，而往往是非国家的行为主体，如个人、组织或集团等所为。大至国家，小至组织、社团甚至个人，都有可能引起非传统安全问题的发生。因此我们不能再沿用过去的传统安全思维方式来看待、来处理。

从形成过程来看具有很大的突发性特点。传统安全事件从萌芽、酝酿、激化到冲突爆发，往往要经过一个矛盾不断积累、性质逐渐演变的过程，它不是一蹴而就的，而是会表现出很多的预兆，人们可据此来采取相应的措施加以防范和应对。但是，很多非传统安全事件的发生经常会缺少明显的预兆，而是突如其来，迅速爆发，令人防不胜防的，如船舶海上碰撞事件。这类事件的突发性使得对于海域安全事故防范和救援的难度明显增加，同时也启示我们一定要树立居安思危、有备无患的国家安全意识。

三、中国黄海海域安全与应急管理机制发展问题

（一）海域安全应急管理的决策机构存在不足

目前，我国缺乏专门负责黄海海域安全应急管理的专业化、规范化、制度化、高效率、有权威的决策核心机构。由于受到传统计划经济体制的影响，权力和利益的部门化引起了决策的部门化，决策成为一种维护本部门权力、实现本部门利益的手段，这就阻碍了国家安全应急管理决策功能的有效发挥。同时，各类海域安全应急管理的决策咨询机构由于缺乏科学的、系统的决策理论、方法和技术，过于依赖决策机构，不深入实际进行细致的实地调查研究，也没有收集到大量的案例进行

实证分析，导致了"胸中无数决心大、情况不明办法多"的"瞎参谋"现象屡屡出现，从而未能为决策者提供建设性的咨询意见，根本没有起到决策机构本应发挥的"智囊团""思想库"作用。

（二）海域安全应急管理的各个相关部门之间缺乏有效的协调与沟通

目前，负责海域安全的管理部门主要有中国海监、中国海事、中国渔政和海警部队，分别隶属于国家海洋局、交通运输部、农业农村部和公安部。有关部门习惯于各自为政，对海域安全的单个要素进行碎片化管理，这就使得在海域安全与应急管理工作中，很容易出现多头管理、各自为政、争权夺利、推诿扯皮等现象，导致管理主体不明确、管理资源浪费、装备落后、管理效能低下等问题。

（三）海域安全应急队伍亟须加强建设

作为海域安全应急管理机制中的执行主体，应急队伍的强大与否关系到整个海域安全应急管理事业的成败。

（四）海域安全应急处理的国际合作机制存在不足

一是缺乏海域安全应急处理信息交流的国际合作机制；二是缺乏协调应急处理救援行动的国际合作机制。

四、中国黄海海域安全与应急管理机制发展对策

（一）总体思路

针对黄海海域安全与应急管理机制中存在的问题，我们应当贯彻落实习近平总书记的总体国家安全观，坚持做到外部安全与内部安全一起抓、国土安全与国民安全一起抓、传统安全与非传统安全一起抓、自身安全与共同安全一起抓，按照"统一指挥、反应灵敏、协调有序、运转高效、保障有力"的原则，不断完善黄海海域安全与应急管理机制，以确保我国黄海的海域安全。

（二）政策建议

1. 要完善海域安全应急管理的决策机制

虽然我国已经成立了"国家海上搜救部际联席会议"等应急管理机构，但它们毕竟是临时性机构，其决策的权威性、综合性不够强。因此，我们可以成立一个有权威的高层领导机构，由它来负责统筹协调涉及经济、政治、社会、军事等各个领域海域安全应急管理的重大问题，统筹外部安全与内部安全，统筹国土安全与国民安全，统筹传统安全与非传统安全，统筹自身安全与共同安全；研究制定海域安全应急管理的发展战略、宏观规划和重大政策；推动海域安全应急管理法治建设，不断加强国际交流与合作，增强海域安全应急保障的能力。在这个领导机构之下应设立日常办事机构，承担海域安全应急管理的日常工作，具体负责针对海域安全应急事件的预警监测、风险评估、信息研判、科普宣传、应急响应、现场协调、国际交流与合作等事宜。

2. 要完善海域安全应急管理的跨部门、跨层级协调机制

可以把这项工作交给海域安全应急管理高层领导机构的日常办事机构来承担，由它作为海域安全应急管理的专门部门和核心协调部门，使它在整个海域安全应急管理过程中能够发挥核心协调作用，避免不同部门、不同层级政府部门之间因为争权夺利、推诿扯皮而贻误时机、影响救援。

3. 要加强海域安全应急队伍的建设

一是要强化应急专业队伍建设。要形成以中国海监、中国海事、中国渔政和海警部队为主体的专业应急队伍体系，为快速、妥善地处置海域安全应急事件储备足够的人力，并保证应急队伍招之即来，来之能战，战之能胜。二是要加强应急专家队伍建设，要把那些政治素质高、专业精通、年富力强、实践经验丰富的专家选聘到应急专家队伍中来，充分发挥应急专家在海域安全应急管理中的专业咨询、理论指导、技术支持和决策建议的作用。三是要强化应急志愿者队伍建设。要大力推进以注册志愿者为主要形式的抢险救灾、医疗卫生、法律援助等各类应急志愿者队

伍建设。要加强应急志愿者队伍信息系统建设，通过开展志愿者注册登记、志愿服务记录、志愿服务供需对接、数据统计分析等工作，为各地应急志愿服务的互联互通、信息共享提供保障。要健全和完善志愿服务记录制度、专业培训机制、激励反馈机制、政策保障机制，推动应急志愿服务向常态化方向发展。

4. 要加强海域安全应急救援基地的建设

我国是一个幅员辽阔、地域广阔的大国。为了应对海域安全应急事件、保障我国的海域安全，我们必须按照注重区域平衡、便于近点救援、总体布局合理的原则，加强海域安全应急救援基地建设。

海域安全应急救援基地具体可承担应急值守、调度协调、监测监控、通信联络、装备管理、支援抢救、后勤保障、培训演练等职责，并通过信息化平台将整个海域安全应急管理机制连为一体。信息化平台通常包括远程监控系统、应急指挥与演练培训系统、应急信息资源规划与数据库系统、应用软件支撑平台、基础系统支撑平台、应急指挥平台和移动应急平台等。信息化平台对于海域安全应急救援的成败关系重大。在海域安全应急事件的处置过程中，大部分处置工作都需要建立在空间数据的基础上，同时需要具体对象的属性数据。借助于二维GIS、三维实景、三维仿真等技术手段，可以实现海域安全应急事件的事发地点和资源的快速准确定位、现场及周边环境的实景真实展现、现场情况的模拟仿真，为应急决策指挥者快速掌握突发事件的情况、了解周围环境的状况、预测事件的发展趋势、评估事件的影响、调配应急资源、采取处置措施等提供基础的信息支持。

海域安全应急救援基地建设的总体目标是：在重点区域和关键领域建成若干个国家级和省级的海域安全应急救援基地，逐步形成统一指挥、职责明确、结构完整、功能齐全、反应灵敏、运转协调、符合我国国情的海域安全应急救援体系。

海域安全应急救援基地的建设首先应遵循统一领导、分步实施的原则。由国家安全应急管理的领导机构来统一领导全国海域安全应急救援基地建设工作，由其日常办事机构来负责全国海域安全应急救援基地建设的具体工作。根据方案规划，按照要求分阶段、分区域、分行业逐步进行，注重实效。

海域安全应急救援基地的建设同时应遵循统筹规划、合理布局的原则。根据产业分布、重大危险源分布、事故灾难类型和有关交通地理条件等因素，对海域安全应急救援基地的设立进行科学规划，在高危行业、事故频发地区建立国家级和省级的海域安全应急救援基地。

海域安全应急救援基地的建设还应遵循依托现有、资源共享的原则。要以现有的应急资源为基础，对各支救援队伍、装备和物资储备进行补充完善，加强培训和演练，拓展施救技能和抢险功能，形成各种队伍互相补充、相互协作、资源共享的应急救援体系，避免重复建设、资源浪费。

5. 要加强管理并适时更新海域安全应急技术及装备

古人云："工欲善其事，必先利其器"。要想妥善处置海域安全应急事件，没有先进的技术和装备是不可能的。为此，我们要加强对海域安全应急技术和装备的管理，并注意使之适时更新。

我们要使海域安全应急技术和装备不断升级更新。例如，充分运用云计算、视频物联网、大数据和智能分析系统、GIS、GPS、3G、数字集群等前沿科学技术，构建具有智能化、人性化特征的海域安全应急信息化体系，推动海域安全应急管理工作的现代化、智能化、远程化，通过风险预警、数据决策、舆情监测，提高海域安全应急管理的精准性和有效性。

我们要加强对海域安全应急装备的管理，形成科学化、标准化、制度化、规范化的装备管理体制。海域安全应急事件处理需要用到的装备种类繁多，数量大，只有不断地加强管理，才能更好地满足海域安全应急处理的需要。应急装备的平时管理应符合有序化、高效化的要求，确保各类装备都能时刻保持正常的工作状态，都能随时迅速出动。

海域应急安全装备的配备，应当坚持以人为本的理念，坚持科学、高效、节能的方向，遵循"技术先进、性能优越、常用适用、机动快捷、经济合理"的原则。在种类选择上，对于法律法规明文要求必备的装备，必须配备到位；其余装备应当按照应急处理预案的要求进行选择配备。应急安全装备在采购时，首先要明确需求，从功能性上正确选购；其次要考虑使用的方便，从实用性上进行选购；再次要保证性能稳定，质量可靠，从耐用性、安全性上进行选购；还要从经济性上进行选购，在价格和维护成本上货比三家，在满足需要的前提下尽可能地少花钱、多办事；最后要严禁选用即将淘汰的产品。在配备数量上，对于法律法规明文要求必备数量的，必须依法配备到位；对于法律法规没做明文要求的，按照应急处理预案的要求和实际需要，合理配备；对于一些特殊的应急安全装备，必须进行双套配置，这样可以当一套装备出现故障不能正常使用时，立即启用备用装备。

海域应急安全装备的使用，应当按照严格管理、正确使用的要求，使其时刻处于良好的备用状态。对于国家应急安全装备，无论其价值大小，都应指定专人进行管理，明确管理要求，确保装备的妥善管理。要严格按照使用说明书的要求，对使用者进行认真培训，使其能够熟练正确地使用，并把对装备的正确使用作为对相关人员的一项考核要求。

海域应急安全装备的维护，应当按照经常检查、正确维护的要求，使其保持随时可用状态。否则的话，不仅可能导致装备因维护不当而损坏，而且还会因为装备无法正常使用而贻误海域应急安全事件的处置。要根据使用说明书的要求，对于有明确维护周期的装备，要按照规定的维护周期和项目定期进行维护；对于没有明确维护周期的装备，也要按照使用说明书的要求，进行经常性的检查，严格按照规定进行维护，发现异常及时处理，以时刻保持装备性能的完好性、可用性。

6.积极创建海域安全应急救援的国际协调机制

我国要积极开展联合国框架下的巨灾应急救援工作；加强与其他国际组织、非政府组织的海域应急救援国际合作，重点加强在"金砖五国"、上海合作组织、亚太经济合作组织、东亚范围和框架内的海域应急救援国际合作；积极开展多边、双边合作，研究和建立与日、韩等周边国家合作的更有效渠道和内容，努力拓宽与上述国家在海域应急救援上合作的渠道和内容。

7. 积极参与创建海域安全应急救援的国际信息交流机制

可以推动黄海周边国家通过建立定期联席会议制度、设立救援信息共享中心、举行联合救援演练等途径，使各国在黄海海域安全应急国际救援行动中减少防范与猜忌，增强互信与合作。一方面，要全面建设和完善海域安全应急救援的信息收集机制、预警发布机制、风险隐患排查机制等支撑工具；另一方面，要建立完善的国家间和区域信息通报机制，建立国家和区域间海域安全应急救援的定向、快速沟通机制和交换机制。这样就能尽量降低海域安全应急国际救援行动中有关各方的信息不对称性，避免"搭便车"等机会主义行为的发生。

江苏省旅游特色小镇发展探讨

——以连云港旅游特色小镇为例

一、连云港旅游特色小镇发展现状

连云港位于中国大陆东部沿海，是中国首批14个沿海开放城市之一、中国十大幸福城市、江苏省沿海大开发的中心城市、国家创新型城市试点城市、《西游记》文化发源地、新亚欧大陆桥东方桥头堡、新亚欧大陆桥经济走廊首个节点城市、丝绸之路经济带东方桥头堡、中国十大海港之一。连云港是一座山、海、港、城相依相拥的城市，风景秀丽、环境优美，拥有江苏省大面积滨海湿地，素有"东海第一胜境"之称；自然资源禀赋优越，旅游特色小镇发展潜势较大。

为贯彻国务院关于推进特色小镇建设的精神，落实《江苏省国民经济和社会发展第十三个五年规划纲要》关于发展特色小镇的要求，截至2017年6月底，连云港11个重点特色小镇正在建设，其中主要以旅游特色小镇为主（表3-2）。

2017年12月，连云港7个特色小镇包括东海县桃林汽车循环经济小镇、灌云县衣趣小镇、灌南县汤沟香泉小镇、赣榆区赶海小镇、海州区健康益生小镇、连云区高公岛紫菜小镇和高新区花果山丝路智能小镇成为首批市级产业特色小镇培育对象。连云港市将通过3年努力，力争到2020年，在全市范围内建设一批产业特色鲜明、体制机制灵活、人文气息浓厚、生态环境优美、多种功能叠加、宜业宜居宜游的特色小镇，为全市经济社会发展提供动力支撑。

表3-2 连云港在建特色小镇一览表

序号	名称	截至2017年5月底进展情况
1	东海县温泉养生小镇	采摘果品种植完毕，汽车影院进行土地平整，古树园林开始种植
2	东海县水晶小镇	电商创业大赛已启动，电商示范区建设已完成及招商完成。物流中心方案规划中，质量监督和珠宝鉴定中心等配套设施已完成，小镇客厅方案规划完成
3	灌云县镜花缘主题小镇	编制规划
4	灌南县汤沟酒文化特色小镇	工业集中区建设启动，金汤路仿古改造完成。规划方案正在优化，目前在申报上级支持，如能申报成功，将尽快开工建设
5	赣榆区宋庄丝路小镇	目前，该小镇完成园区弱电方案比选；生态餐厅空调维修对外招标；大门、广场地勘已完成，地球仪寻找专业公司设计；吊脚楼进行询价；怀仁路围墙基础开工；花卉展销大棚外部修复工程全面完工；怀仁路快速通道全面完工；停车场水泥垫层全面完工；生态餐厅修复工程，外部完成阳光板安装70%，内部景观小品修复完成60%；喷灌系统全面完工
6	赣榆区海头赶海小镇	神仙路完成路面主体，海口路路面主体基本完成，府西大道正在进行路基改造。海底世界配套工程施工，渔业产业园建成20 hm²休闲渔业、33 hm²高效设施渔业
7	赣榆区现代化物流贸易小镇	目前，该小镇物流园区项目场地平整，部分硬化，新引进物流企业70家
8	海州区浦南月光颐养小镇	梧桐里一期主体基本封顶，地下工程主体完成，星光湖周边绿化正在进行，商业中心附属工程室外地面找平
9	海州区锦屏旅游小镇	幼儿园室外附属工程施工。桃花涧工程正在施工。镇南路改造正在做路灯基础及支路顺接路面铺设工作
10	连云区宿城特色旅游风景小镇	演艺广场舞台土建完成，纪念馆装修，游客服务中心钢结构施工，龙湾大酒店改造，旅游线路开挖，841隧道开工
11	连岛海滨风情特色小镇	连岛中心渔港防波堤建设

二、连云港旅游特色小镇发展困境

（一）小镇特色危机，缺乏有效规划

特色小镇之所以叫特色小镇，最重要的就在于"特色"两字。可以说"特色"是其一切工作的出发点与落脚点，所谓的"特色"不仅是指地方独有景点，还有地方特色产业。往往地方特色产业总会成为地方龙头产业和地方支柱产业。但是随着现代建筑的发展、土地权属的制度安排以及信息化交流快捷化，往往使得小镇缺乏时代特征缺乏地域特色，造成城地失调、千镇一面的现象。

规划层面也存在很多问题。例如小镇没有层次、没有强调"度"的把握，植入的特色空间、特色要素略显突兀，缺乏组织机制，未能融合文化特色、空间形态与现代元素，也未能有效融合生产、生活、生态以及三次产业，法律保障制度层面也有所欠缺。

（二）人才引进困难，缺乏充足资金

不管是一个现代企业组织机构，还是一个别具特色的小镇，人才永远是最核心的要素。而作为一项比较新的国家命题，风险尚未完全明朗，很多投资者还处于观望状态，且组织机构暂时缺乏有吸引力的人才引进政策，再加上经济水平和交通水平的限制以及未来预期的迷茫，更使得有想法、有能力的人才尤其是跨界人才与技术人才对参加旅游特色小镇建设的低意愿。

虽然理论上的融资渠道很广，包括发债、基金（产业投资基金、政府引导资金、城市发展基金、PPP基金）、资产证券化、收益信托等，但是现实却很残酷，浙江省的特色小镇建设经验告诉我们，民间资本对于投资建设特色小镇的意愿有限，而政府也面临严峻的财政问题，债务风险进一步加强，使得旅游特色小镇建设资金极度缺乏，对于旅游特色小镇这一长期项目而言，资金成为旅游特色小镇建设的瓶颈。

（三）小镇类型单一，基建有待完善

连云港特色小镇类型以生态旅游和农业特色为主，在一定程度上有同质化的倾向，小镇的类型比较单一，对打造旅游特色小镇的亮点、卖点提出了更高的要求，很多房地产商将特色小镇建设当作又一轮房地产大潮，盲目的投资赋予了旅游特色小镇房地产化倾向，造成土地资源的进一步紧张，引发市场房价的波动。还有一些建设者、规划者片面地将特色小镇与旅游特色小镇混为一谈，建设了一批又一批旅游特色小镇，引发游客审美疲劳，进而导致小镇失去特色，失去人气。

加强基础设施建设，建设完善的居住配套环境、公寓、餐饮、公园、学校、医疗机构等，一方面是为游客服务，另一方面也是留住人才的一大手段。建设完善的配套设施，营造符合小镇定位的创业氛围、创新氛围、宜居氛围。尊重现有格局，传承旅游特色小镇的传统文化，保持宜居尺度也是留住游客、留住人才的一张王牌。

（四）管理体制落后，督导评估不力

体制机制的创新可以是旅游特色小镇建设的亮点，反之也可以是旅游特色小镇的鸡肋。优秀的旅游特色小镇需要善治，需要有动态的调整机制，在发展中调整，在调整中发展。连云港的农村由于农业产出低，使得大量的农民进城务工，留下孤寡老人和留守儿童，从而小城镇出现劳动力锐减、空心化等一系列突出的问题。这种问题虽然也有一定的历史性因素，但城镇管理体制滞后也是一个很重要的影响因素。城镇空心化不仅导致资本外流，也出现乡镇企业融资难、招工难、劳动力年龄偏大等一系列突出问题，制约了特色小镇的发展。

企业总是以利润为第一要义，如果政府放任不管而仅仅靠市场调节往往会产生恶性竞争，侵害老百姓的利益。同样特色小镇的建设，政府的监管也起着尤为重要的作用。政府不仅仅需要起到引导的作用，也需要有适当的督查制度，做到"天上看，地上查，网上管，公众评"，以评估和督导旅游特色小镇建设的方方面面，为旅游特色小镇的可持续发展保驾护航。

三、连云港旅游特色小镇对策分析

（一）培育核心产业，突出小镇特色

产业是能否持续发展的基础和条件，是小镇保持永续动力的前提。对于旅游特色小镇而言，培育主导产业和产业链尤为重要。一个产业能够形成优势产业，关键在于创新和品牌的力量。产品或服务生态化、规模化、品牌化，然后在开发产业的基础上，不断地培育主导产业，形成完整的产业链或者实现多产融合，注入文化因子最终实现产城融合。以改造提升传统产业、做优做强特色产业、积极培育新兴产业的思路，融合新时代主流思潮，坚持以人为本的发展思想，坚持创新、协调、绿色、开放、共享的发展理念，注重人才培养，重视生态建设，加强宣传，实现吃、住、行、旅、娱、购六大传统旅游要素的均衡化、一体化发展。

小镇的特色是小镇的卖点，也是小镇的亮点，是能否吸引游客消费的重要因素。特色不仅可以是传统的文化、自然特色，也可以是特色活动、特色产业。在小镇特色挖掘方面，应该坚持生态、生活、生产三生融合的理念；坚持产业、文化、生态三位一体的理念；坚持一产二产三产融合的理念，辅以好的规划，注重城乡景观魅力的保护与传承，注重生态和文化网络的构建与串联。在微观层面强调街区、社区特色的打造，以生态文明理念来应对旅游小镇特色危机，打造宜居的人居环境，吸引得了游客，留得住游客，让游客乐于消费，愿意消费，反复消费。在中观层面注意把握度，注意适度房地产化，严格控制建设面积，不过线、不越界。宏观层面注意城市总体规划的设计，考虑文化传承、产业布局、基建设施等多项要素，立法保护小镇风貌。通过划定生态保护红线、永久基本农田、城镇开发边界和统筹功能分区、要素配置，协调空间开发与保护的矛盾，事权对应，分层管控。

（二）深化融合理念，培育双创人才

特色小镇的内涵丰富，涉及的主体众多，所以开放融合的理念就显得尤为重要。首先要重视融合主体的培育，包括投资企业、入驻企业、运营机构和小镇居民等，通过政策扶持、招商引进、兼并重组、推进上市等途径，着力培育一批在全省

乃至全国同行业中有竞争力的龙头企业，逐步打造成特色产业，鼓励民间资本的投资参与，加快产业融合标准化体系的建设，促进小镇与旅游景点、民宿、文化、基建、生态、产业的融合。

在国家大力倡导"大众创业，万众创新"的今天，旅游特色小镇建设在招贤纳士的同时，也需要构建创新创业人才培育机制，跟随时代的步伐，学习新理念，掌握新思想，培育专业性人才、跨界人才，推动小镇青年成长成才，更好地促进小镇的发展，让小镇充满活力。推动小镇人才振兴，让愿意留在小镇、建设小镇的人留得安心，让愿意投身小镇建设、回报社会的人更有信心。

（三）创新融资机制，提供法制护航

资金问题是旅游特色小镇的难点问题，如何获得持续稳定的资金来源是建设特色小镇的重点。如今特色小镇的PPP合作模式已呈上升之势，PPP（public-private-partnership）是三个英文单词的缩写形式，它是指政府与私人组织之间，为了合作建设城市基础设施项目或提供某种公共物品和服务，以特许权协议为基础，彼此之间形成一种伙伴式的合作关系。PPP模式具有减轻政府财政压力，开拓融资渠道、降低和分散风险、有利的政策导向、实现投资回报和社会效益的平衡等优点。因此，借鉴PPP模式可以有效解决旅游特色小镇的资金短缺问题。

（四）提高服务质量，聚焦文化振兴

服务的质量是能否留得住游客的一项重要指标。互联网时代的人们已经适应了4G生活带来的卓越体验，在迈向5G新时代的今天实现"4G到镇，光纤到户，终端到人，重点区域WIFI全覆盖"已经成为一项基本要求。在旅游小镇的建设中可以融入新技术新科技，打造智慧旅游体系，包含景观建筑规划、景区基础设置、智能导游、景区一卡通、电子门票、景区动态信息统计、景区安防、景区环境监测等在内的系统信息资源数据库的建立等。

随着生产力的不断发展，人民物质生活水平和消费能力的不断提高，使得人们对生活质量提出了更多的要求。经历了雾霾天气的洗礼、城市内涝的威胁，人们日

益关注生态环境问题。建设生态文明是党中央执政智慧的体现，为子孙后代永享优美宜居的生活空间、山清水秀的生态空间提供了科学的世界观和方法论，顺应时代潮流，契合人民期待。因此低碳社区、生态廊道、绿色建筑等的建设也必须融入小镇的建设中，以打造更便利、更舒适、更卓越的服务体系。

厕所虽小，五脏俱全。在提倡厕所革命的今天，厕所的服务也成为一项艰巨的挑战，在小镇厕所的建设中，应该严格执行在人员配置、保洁标准、管理服务等方面的规定。可以根据情况建设第三卫生间，方便行为障碍者或协助行动不能自理的亲人（尤其是异性）使用，要建设人性化设施，实现干湿分区，及时通风除臭。

旅游特色小镇要求有一定的历史积淀和文化内涵，所以小镇也就成为传承传统特色文化的一个媒介，要着重保护文化遗产，挖掘保护传统文化，活化非物质文化遗产，打造文旅IP，推动小镇文化振兴，使之焕发文明新气象，融合传统美食、传统民俗、传统民宿、传统活动打造文化产品。

（五）汇聚各方力量，建立长效机制

旅游特色小镇的建设涉及多个主体，包括政府部门、投资企业、入驻企业、运营机构和小镇居民等，可以以政府引导，企业主体，市场化运作的模式，由政府引导和宏观调控，协调各方利益，以政府旅游特色小镇规划为平台整合各方资源，汇聚各方热心于旅游特色小镇建设的社会力量，并在长期合作中形成共建的合作伙伴，陪伴旅游特色小镇共同成长。要加大宣传力度，让小镇居民真正认识到自身家园的价值，真正地参与小镇的营造中，合作共赢，共享小镇经济发展成果。

参考文献

阿格纳·桑德莫. 1973. 公共产品和消费技术[J]. 政治经济学杂志.

萨缪尔森. 1954. 公共支出的纯理论[J]. 经济与统计评论.

两淮盐法志:卷55杂记·碑刻下卷8转运·六省行盐表. 刻本. 1806年.

淮安府志:卷3建置志一·巷市. 2006年. 方志出版社.

海洋经济集成创新区域工程. 2014. 宁波经济: 财经视点, 2.

柴继光. 1991. 中国盐文化. 运城高专学报, 3.

常玉苗. 2012. 江苏海洋经济演进历程及制约因素分析. 国土与自然资源研究, 2.

常玉苗. 2013. 我国海洋产业集群发展测度及创新发展研究. 中国渔业经济, 2.

陈思敏. 2013. 江苏省沿海经济的发展现状分析. 商情, 16.

陈瑜. "十三五"期间将设立多个海洋经济示范区[N]. 科技日报, 2017-07-07(003).

程丽. 2014. 山东半岛蓝色经济区海洋经济发展现状与战略研究[D]. 青岛：中国海洋大学.

崔敏, 徐习军. 2016. 连云港市在融入国家"一带一路"建设中面临的问题与对策. 淮海工学院学报: 人文社会科学版, 5.

狄乾斌, 郭亚丽, 郑佳. 2017. 海洋经济可持续发展水平的时空差异与演变特征研究. 辽宁师范大学学报（自然科学版）, 2.

董树功. 2011. 谈促进战略性新兴产业发展的新模式——市场机制与政府扶持的共同推动. 中国城市经济, 26.

杜海东, 关伟, 王嵩, 梁湘波. 2017. 我国海洋科技进步贡献率效率研究——基于索罗和三阶段DEA混合模型[J]. 海洋开发与管理, (4):70-80.

杜军, 鄢波, 王许兵. 2016. 广东海洋产业集群集聚水平测度及比较研究. 科技进步与对策, 7.

杜新丽. 1998. 中外双边投资保护协定法律问题研究. 政法论坛, 3.

杜媛媛, 肖建红, 张志刚. 2015. 海洋产业集群和产业关联研究——以中国三大海洋经济示范区为例. 青岛大学学报（自然科学版）, 4.

段九如. 2015. 整合资源推进"智慧海洋"战略. 中国船舶报, 2.

范忠华. 2010. 科学发展: 沿海经济洼地崛起的基础和前提. 第五届海洋强国战略论坛文集.

房帅, 纪建悦, 林则夫. 2007. 环渤海地区海洋经济支柱产业的选择研究[J]. 科学学与科学技术管理(06):108–111.

冯家道. 2004. 淮盐纵横谈. 海洋开发与管理, 2.

港口合作发力, 中国东盟海上互联更紧密[EB/OL]. （2017-09-15）[2017-10-24]. http://www.china. com. cn/news/2017-09/15/content_41591581. htm.

高莉, 刘鹏, 赵俊梅. 青岛市生物制药产业发展现状及问题分析. 生物技术通报, 2006(增刊).

龚志聪, 寿建敏. 江苏省海洋产业发展分析与研究. 市场研究, 2013, 4.

古龙高, 古璇, 赵巍. "一带一路"交汇点的理论阐释与路径探索——基于连云港丝绸之路经济带陆桥通道视角的研究. 城市观察, 2015, 1.

古龙高. 加快"一带一路"交汇点建设的思路与策略分析. 连云港师范高等专科学校学报, 2016, 1.

古璇, 古龙高. "一带一路"建设背景下加快苏北发展对策研究. 大陆桥视野, 2015, 17.

管华诗, 王曙光. 海洋管理概论[M]. 青岛: 中国海洋大学出版社, 2003.

国家发展改革委, 国家海洋局. 全国海洋经济发展"十三五"规划（公开版）[EB/OL]. （2017-05-12）[2017-10-12]. http://news. sina. com. cn/o/2017-05-12/doc-ifyfecvz1130145. shtml

国家海洋信息中心. 2014. 中国海洋统计年鉴（2013）. 北京: 海洋出版社.

国家海洋局. 海洋高技术产业分类. 国家海洋局发布, 2010.

国家海洋局战略规划与经济司. 找准着力点加快推动海洋经济向质量效益型转变[N]. 中国海洋报, 2017-04-25(001).

海上苏东[EB/OL]. https://max. book118. com/html/2018/0917/7132116024001150. shtm.

何龙芬. 2011. 我国海洋文化产业集群形成机理与发展模式研究[D]. 舟山: 浙江海洋学院.

黄瑞芬, 苗国伟. 2010. 海洋产业集群测度——基于环渤海和长三角经济区的对比研究. 中国渔业经济, 3.

计利群, 狄乾斌. 2017. 我国海洋经济劳动生产率区域差异与演变分析[J]. 海洋开发与管理(09):65–71.

纪玉俊, 姜旭朝. 2011. 海洋产业结构的优化标准是提高其第三产业吗？——基于海洋产业结构形成特点的分析. 产业经济评论, 9.

纪玉俊. 2014. 资源环境约束、制度创新与海洋产业可持续发展——基于海洋经济管理体制和海洋生态补偿机制的分析[J]. 中国渔业经济, 32(04):20–27.

纪玉俊. 2013. 海洋产业集群与沿海区域经济的互动发展机理. 华东经济管理, 9.

纪玉俊. 2013. 基于空间集聚与网络关系的海洋产业集群形成机理研究. 海洋经济, 6.

贾爱玲, 何健. 2015. 海域使用权：概念、法律属性及与相关涉海权利的界分. 青岛农业大学学报（社会科学版）, 2.

贾凌民, 吕旭宁. 2007. 创新公共服务供给模式的研究. 中国行政管理(04):22–26.

江苏省海洋与渔业局科技教育处. 2009. 加快实施科技兴海战略强化江苏海洋开发科技支撑[J]. 海洋开发与管理, (12):82–85.

江苏省政府办公厅. 江苏省"十三五"海洋经济发展规划[EB/OL]. (2017-04-09) [2017-10-19]. http://www. askci. com/news/chanye/20170409/16125695497.

江苏省沿海地区发展规划获批, 升格为国家战略[EB/OL]. (2009-09-11) [2017-11-10]. http://news. sohu. com/20090911/n266636833. shtml.

江妍妍, 李仲. 2018. 淮安市特色产业基地发展现状分析[J/OL]. 现代工业经济和信息化 (14):7–8 [2018-11-13]. https://doi.org/10.16525/j. cnki.14–1362/n.2018.14.03.

姜国建, 文艳. 2006. 世界海洋生物技术产业分析[J]. 中国渔业经济(04):46.

姜旭朝, 方建禹. 2012. 海洋产业集群与沿海区域经济增长实证研究——以环渤海经济区为例. 中国渔业经济, 3.

蒋宏坤. 2015. 抢抓"一带一路"建设机遇推进江苏省沿海港口建设发展. 唯实, 7.

蒋乃华. 2015. "一带一路"背景下江苏省沿海地区竞争优势的确立. 南通大学学报（社会科学版）, 5.

举办创建江苏海洋大学研讨会[EB/OL]. (2017-08-29)[2017-11-16]. http://xuri.hhit.edu.cn/nry. jsp?urltype=news. [1]

李博, 田闯, 史钊源. 2017. 环渤海地区海洋经济增长质量时空分异与类型划分[J]. 资源科学, 39(11):2052–2061.

李光全. 2014., 经济新区行政管理体制创新面临的问题与破解对策[J]. 东方行政论坛(00):94-97.

李涵, 等. 1990. 缪秋杰与民国盐务. 北京: 中国科学技术出版社.

李洪英, 等. 2011. 浙江省海洋经济与生态环境的协调发展研究. 华东经济管理, 6.

李会民, 王洪礼, 郭嘉良. 2007. 海洋生态系统健康评价研究[J]. 生产力研究, 10:50-51.

李涛. 2014. 基于科技与文化融合的海洋文化产业研究[J]. 文化艺术研究(2):08-13.

李懿, 张盈盈. 2017. 国外海洋经济发展实践与经验启示[J]. 国家治理(22):41-48.

凌申. 2015. "一带一路"建设与苏北振兴一体化发展研究. 盐城师范学院学报（人文社会科
　　学版）, 5.

凌申. 2012. 江苏省沿海开发的现状、问题与对策. 盐城师范学院学院（人文社会科学版）, 6.

刘碧强. 2014. 生态文明视域下的福建海峡蓝色经济区海洋生态补偿机制探讨[J]. 广东海洋大
　　学学报, 34(02):19-24.

刘波, 尹福顺. 2015. 江苏省海洋产业结构动态分析及其发展策略研究. 盐城师范学院学报
　　（人文社会科学版）, 4.

刘东来. 1996. 中国的自然保护区[M]. 上海: 上海科技教育出版社.

刘明, 汪迪. 2012. 海洋战略性新兴产业发展现状及2030年展望. 当代经济管理, 4.

刘明. 2017. 中国沿海地区海洋经济综合竞争力的评价. 统计与决策, 15.

刘颖. 2015. 海洋经济低碳化核算研究[J]. 经济视野(4):187.

落实国家"一带一路"建设部署建设沿东陇海线经济带新闻发布会[EB/OL]. (2015-08-26)
　　[2017-10-27]. http://gjzx. jschina. com. cn/PressConference/20286/201508/t2347594. shtml.

马吉山. 2012. 区域海洋科技创新与蓝色经济互动发展研究——以青岛市为例[D]. 青岛: 中国
　　海洋大学.

马立强. 2015. 海洋文化旅游休闲产业竞争优势构建: 产业集聚的视角[J]. 东南大学学报（哲
　　学社会科学版）(6):84-91.

马学广, 张翼飞. 2017. 海洋产业结构变动对海洋经济增长影响的时空差异研究[J]. 区域经济
　　评论(05):94-102.

马中. 1999. 环境与资源经济学概论. 北京: 高等教育出版社.

孟立强, 李鑫锋. 2017. 江苏省"一带一路"交汇点建设对策研究. 连云港市哲学社会科学界

联合会.

欧阳焱. 2018. 充分展现中国海洋文化的内在价值[J]. 人民论坛(03):140-141.

潘凤钗, 姜宝珍. 2013. 基于体制机制创新视角的区域海洋经济发展对策研究——以温州市为例[J]. 浙江农业学报, 25(06):1429-1434.

祁帆, 李晴新, 朱琳. 2007. 海洋生态系统健康评价研究进展[J]. 海洋通报, 26(0):97-104.

钱春泰, 宋晓村, 邱宇, 等. 2014. 江苏海洋工程装备产业发展中存在的问题及应对策略. 海洋开发与管理, 1.

钱辉, 张大亮. 2006. 基于生态位的企业演化机理探析[J]. 浙江大学学报(03).

钱伟, 陶永宏. 2016. 江苏海洋经济发展战略. 中外船舶科技, 3.

邱红, 孙凤君. 2013. 海洋经济管理政策和体制机制创新思路——广东及福建海洋经济发展启示. 五邑大学学报（社会科学版）, 2.

曲青山. 2016. 关于文化自信的几个问题[J]. 中共党史研究(09):5-13.

曲探宙. 2017. 我国海洋科技创新发展的回顾与思考[J]. 海洋开发与管理, 34(10):6-9.

任喜萍. 2011. 我国海洋生物制药产业发展问题与对策研究[J]. 现代经济信息(10):208.

商华, 邱赵东. 2017. 战略性新兴产业人才生态环境定量评价研究[J]. 科研管理, 38(11):137-146.

邵雪婷, 荣正通. 2015. 21世纪海上丝绸之路中东海域的安全机制建设研究. 中国海洋大学学报（社科版）, 4.

沈慧. 海洋经济在国家发展战略中地位大幅提升[N]. 经济日报, 2017-06-08(005).

沈坤荣, 李震. 2017. 供给侧结构性改革背景下制造业转型升级研究. 中国高校社会科学, 1.

宋清辉. 201. 中国特色园区如何成功突围[J]. 中国商界(10):56-57.

苏海办. 推动江苏省沿海经济带加快发展[N]. 中国海洋报, 2017-09-06(001).

苏纪娟, 吴永亮, 朱庆明. 2015. 我国海洋安全挑战及机遇. 国防科技工业, 6.

苏勇军. 2012. 产业转型升级背景下浙江海洋文化产业发展研究[J]. 中国发展, (4):28-33.

孙才志, 郭可蒙, 邹玮. 2017. 中国区域海洋经济与海洋科技之间的协同与响应关系研究[J]. 资源科学, 39(11):2017-2029.

孙红玲, 张富泉. 2017. 长沙借鉴沿海经验建设国家中心城市的构想[J]. 经济地理, 37(12):82-88.

孙吉亭, 赵玉杰. 2011. 我国海洋经济发展中的海陆统筹机制. 广东社会科学, 5.

孙敬文. 2013. 国内外海洋管理人才培养对比分析. 中国海洋大学硕士学位论文.

孙娜, 廖维晓. 2015. 论海洋资源开发管理机制构建[J]. 学术交流(02):116–121.

汤梅. 2010. 江苏省沿海开发中的产业选择与结构优化问题研究[D]. 南京: 南京财经大学.

王波, 韩立民. 2017. 中国海洋产业结构变动对海洋经济增长的影响——基于沿海11省市的面板门槛效应回归分析[J]. 资源科学, 39(06):1182–1193.

王东京. 2009. 连云港海洋文化资源开发利用研究[J]. 淮海工学院学报（社会科学版）(03):67–70.

王恩辰, 韩立民. 2015. 浅析智慧海洋牧场的概念、特征及体系架构. 中国渔业经济, 2.

王江涛. 2015. 我国海洋经济发展的新特征及政策取向[J]. 经济纵横(11):18–22.

王江涛. 2017. 我国海洋产业供给侧结构性改革对策建议. 经济纵横, 3.

王历荣. 2017. 中国建设海洋强国的战略困境与创新选择[J]. 当代世界与社会主义(06):157–165.

王琪, 李凤至. 2011. 我国海洋人才培养存在的问题及对策研究. 科学与管理, 2.

王双, 张雪梅. 2014. 沿海地区借助"一带一路"建设推动海洋经济发展的路径分析——以天津为例. 理论界, 11.

王献薄, 崔国发. 2003. 自然保护区建设与管理[M]. 北京: 化学工业出版社.

王秀海. 2017. 山东省海洋战略性新兴产业发展效应评价研究. 经济论坛, 3.

王英, 李嘉谊. 2014. 江苏省沿海产业发展对策研究[J]. 安徽工业大学学报（社会科学版）. 31(5):3–5.

王樱霏. 2018. 舟山群岛海洋渔俗文化产业发展研究[D]. 舟山：浙江海洋大学.

王颖, 阳立军. 2012. 舟山群岛海洋文化产业集群形成机理与发展模式研究[J]. 人文地理(6):67–70.

王幼鹏. 2013. 深化陆海统筹创新海洋综合管理机制体制. 中国海洋报, 1.

王泽宇, 卢雪凤, 韩增林, 等. 2017. 中国海洋经济增长与资源消耗的脱钩分析及弹效应研究[J]. 资源科学, 39(09):1658–1669.

王泽宇, 卢雪凤, 孙才志, 等. 2017. 中国海洋经济重心演变及影响因素[J]. 经济地理, 37(05):12–19.

王泽宇. 2017. 中国海洋经济增长与资源消耗的脱钩分析//2017年中国地理学会经济地理专业

委员会学术年会论文摘要集.

王泽宇. 2017.中国海洋资源开发与海洋经济增长关系及空间特征分析. 2017年中国地理学会经济地理专业委员会学术年会论文摘要集.

王志文. 2017. 促进浙江海洋经济提质发展[J]. 浙江经济(24):63.

威海:实施工业倍增 "563" 战略建设协同高效的区域创新格局[J]. 2016. 科学与管理, 36(04):7-8+11.

韦红, 卫季. 2017. 东盟海上安全合作机制：路径、特征及困境分析. 战略决策研究, 5.

吴高峰, 叶芳. 2017. 海洋公共服务供给能力评价指标体系构建及实证分析. 农村经济与科技, 7.

吴价宝. 2016. 江苏省 "一带一路" 交汇点建设与江苏省沿海开发战略协同推进机制研究.

吴明忠. 2013. 发挥沿海地方高校作用培养强海圆梦所需人才. 中国高等教育, 13.

吴文惠, 张朝燕, 李燕. 2010. 海洋生物制药本科教育与国家中长期科技发展规划纲要的适应性分析[J]. 科技创新导报(36):195

吴以桥, 杨山, 王伟利. 2010. 基于沿海大开发背景的江苏海洋产业发展研究. 南京师大学报（自然科学版）, 3.

苏联科学院国家和法研究所海洋法研究室. 1981. 现代国际海洋法——世界海洋的水域和海底制度[M]. 吴云崎, 刘楠来, 王可菊, 译. 天津: 天津人民出版社.

吴云通. 2016. 基于产业视角的中国海洋经济研究[D]. 北京:中国社会科学院研究生院.

吴中成. 1999. 镜花缘与盐文化. 明清小说研究, 4.

伍业峰. 2014. 中国海洋经济区域竞争力测度指标体系研究. 统计研究, 11.

项谦和, 陈春雷, 项似林. 2016. 论海洋基础测绘数据的质量监控——以浙江省为例[J]. 测绘通报(04):64-67.

谢杰, 李鹏. 2017. 中国海洋经济发展时空特征与地理集聚驱动因素[J]. 经济地理(07):20-26.

谢力群. 2013. 围绕 "一二三" 推进 "六突破" 努力推动浙江海洋经济发展示范区建设再上新台阶. 浙江经济, 10.

谢子远. 2012. 浙、鲁、粤海洋经济发展比较研究. 当代经济管理, 8.

新华日报. 江苏省绘就 "十三五" 海洋经济发展 "路线图" [EB/OL]. （2017-02-26）[2017-10-26]. http://www.zgjssw.gov.cn/yaowen/201702/t20170226-3693749.

徐建勇. 推动海洋文化产业发展[N]. 中国社会科学报, 2018-04-09(007).

徐胜, 王玉凤. 2017. 海洋经济结构转型中创新驱动效应测度研究——基于两阶段网络DEA. 中国渔业经济, 3.

徐宪忠. 2009. 浅谈构建国家海洋科技创新体系[J]. 海洋开发与管理, 26(08):108.

许罕多, 罗斯丹. 2010. 中国海洋产业升级对策思考. 中国海洋大学学报（社会科学版）, 2.

许思文. 2010. 倡扬海洋文化助推沿海开发[J]. 淮海工学院学报（社会科学版）(03):38-40.

许学工, 张茵. 2000. 加拿大的自然保护区管理[M]. 北京: 北京大学出版社.

薛凤冠, 季芳桐. 2017. 南京战略性新兴产业发展现状与对策研究[J]. 南京社会科学(12):150-156.

燕小青. 2011. 海洋产业发展实证与对策研究——以浙江省为例. 青海社会科学, 4.

杨凤华. 2014. 江苏省海洋战略性新兴产业发展现状与对策. 华东经济管理, 1.

杨建强, 崔文林, 张洪亮, 等. 2003. 莱州湾西部海域海洋生态系统健康评价的结构功能指标法[J]. 海洋通报, 22(05):58-63.

杨明. 2013. 我国政府海洋科技管理体制创新研究[J]. 农村经济与科技, 24(03):91-93+55.

杨杨. 2018. 我国沿海城市近岸海域环境污染的时空动态演变格局研究[J]. 中国海洋大学学报（社会科学版）(03):51-57.

姚海燕. 2002. 我国海洋药物产业发展概况[J]. 科学视野: 海洋科学, 26(12):14-17.

叶彩凤. 2007. 综合型基础研究基地管理体制与运行机制构建[D]. 上海: 上海交通大学.

叶芳. 2015. 浙江海洋公共服务供给体系构建研究. 南昌大学硕士学位论文.

于春生. 2015. 天津市海洋行政管理政府职能转变研究[D]. 天津: 天津大学.

于会娟, 李大海, 刘堃. 2014. 我国海洋战略性新兴产业布局优化研究. 经济纵横, 6.

于思浩. 2013. 我国海洋强国战略下的政府海洋管理职能定位. 经济问题, 8.

于文金, 朱大奎, 邹欣庆. 2009. 基于产业变化的江苏海洋经济发展战略思考. 经济地理, 6.

袁象, 陈智. 2015. 上海发展战略性海洋新兴产业路径研究. 现代管理科学, 1.

袁小霞, 陈西. 2009. 技术寻求型对外直接投资在海洋生物制药业的适用性分析[J]. 海洋开发与管理(03):99-103.

苑清敏, 申婷婷, 冯冬. 2015. 我国沿海地区海陆战略性新兴产业协同发展研究[J]. 科技管理研究, 35(09):99-104.

翟仁祥, 许祝华. 2010. 江苏省海洋产业结构分析及优化对策研究[J]. 淮海工学院学报（自然科学版）(1):88-91.

张惠荣, 高中义. 2016. 论海域使用权属管理制度. 政法论坛, 1.

张建民. 2014. "一带一路"建设与苏北发展. 淮海文汇, 6.

张科. 2017. 新时期海洋人才培养若干问题思考. 创新科技, 1.

张礼祥. 2015. 海南省海洋行政管理体制机制创新研究[J]. 社科纵横, 30(11):42-46.

张良. 2012. 构建中国海洋行政管理综合协调机制. 广东海洋大学硕士学位论文.

张帅. 2011. 我国海洋公共服务种类及供给研究[D]. 青岛: 中国海洋大学.

张耀光, 刘锴, 王圣云, 等. 2017. 中国与世界多国海洋经济与产业综合实力对比分析[J]. 经济地理, 37(12):103-111.

张耀光, 王涌, 胡伟, 等. 2017. 美国海洋经济现状特征与区域海洋经济差异分析[J]. 世界地理研究, 26(03):39-45.

张元. 2016. 苏北地区海洋文化产业发展模式研究[J]. 大陆桥视野, (11):39.

赵国军, 赵朝龙. 2015. 日印海上安全合作转向及前景探析. 南亚研究季刊, 3.

赵鸣. 2011. 推进江苏省沿海文化产业发展的政府责任与措施. 淮海工学院学报（社会科学版）, 19.

郑研. 台州海洋经济发展体制机制创新研究[N]. 台州日报, 2016-12-21(005).

郑焱, 沈和, 金世斌, 等. 2016. "十三五"期间江苏建设"一带一路"交汇点的战略思路和关键举措. 江苏师范大学学报（哲学社会科学版）, 1.

郑志来. 2015. 江苏省"一带一路"建设融合发展路径与对策. 科技进步与对策, 17.

仲雯雯, 郭佩芳, 于宜法. 2011. 中国海洋战略性新兴产业的发展对策探讨. 中国人口·资源与环境, 9.

舟山市科技局. 2009. 打造海洋经济转型升级的重要助推器——记浙江省海洋开发研究院. 今日科技, 2.

周珊珊. 2017. 海洋类创新人才队伍培养路径. 人力资源管理, 1.

周伟, 万昶宏. 2017. 海洋公共服务供给水平探微——基于海南省渔民视角的调查分析[J]. 中共福建省委党校学报(07):70-77.

朱坚真, 宋逸伦. 2016. 基于海洋经济强省的广东海洋产业集群升级转型[J]. 广东经济(07):70-74.

朱雪波, 慈勤英. 2015. 创新型海洋高层次人才培养路径研究. 江西社会科学, 2.

朱正海. 2001. 盐商与扬州. 南京: 江苏古籍出版社.

邹玮, 孙才志, 覃雄合. 2017. 基于Bootstrap-DEA模型环渤海地区海洋经济效率空间演化与影响因素分析. 地理科学, 6.

Bateman I. 1991. Placing Money Values on the Unpriced Benefits of Forestry, Quarterly Journal of Forestry, 85(3).

Bhat G, Bergstrom J, Teasley R J, et al. (1998) An Ecoregional Approach to the Economic Valuation of Land and Water-Based Recreation in the United States. Environmental Management, 22(1).

Buchanan J M. 1965. An Economic Theory of Clubs, Economica , 32(125).

Furumoto M A. 1997. Foreign Language Planning in U. S. Higher Education: The Case of a Graduate Business Program, Working Papers in Educational Linguistics.

James M. Buchanan. 1965. An Economic Theory of Clubs [J]. Economica, New Series, 32(125):1-14.

Krutilla J V, Fisher A C. 1975. The Economics of Natural Environments: Studies in the Valuation of Commodity and Amenity Resources, Washington D C : Resources for the Future.

Krutilla J V. 1967. Conservation Reconsidered", American Economic Review, 57(4).

Liu B Q, Xu M, Wang J and Xie S M. 2017. Regional disparities in China's marine economy, Marine Policy, 11(10).

Ma X, Liu X W. 2014. Coupled Development and Process of Marine Economy and Marine Environment in China, Advanced Materials Research.

Moran S B. 2014. Strengthening America's Ocean Economy: The National Ocean Policy, Sea Technology, 55(1).

Xu F L, Lam K C, Zhao Z Y, et al., 2004. Marine coastal ecosystem health assessment: A case study of the Tolo Harbour, Hong Kong, China[J]. Ecological Modelling, 4(173): 355-370.

Yang S, Wang Y T. 2011. Analysis on sustainable development of marine economy in Jiangsu

Province based on marine ecological footprint correction model, Ying Yong Sheng Tai Xue Bao, 22(3).

Yuan Q M and Qiu J. 2014. An Evaluation Research on Tianjin Marine Economy Sustainable Development via PCA and DEA, Applied Mechanics and Materials , 33(5).

Yuan Q M, Feng D, Liu J. 2013. Analysis of the Correlation Effect of the Development of Tianjin Marine Economy and Land Economy, Advanced Materials Research.

Zheng Y. 2014. Evaluation and Analysis on the Environmental Performance of Marine Economy in the Coastal Areas of China" , Advanced Materials Research, 4(2).